儿童敏感期

柳卫娟◎编著

内 容 提 要

敏感期是孩子能力发展最快速、最容易受到影响的时期，父母若能在这个阶段给予孩子适时适地的教育，往往会起到事半功倍的效果。

本书详细阐述了孩子在成长过程中所经历的每个敏感期的行为特征以及教育策略，帮助父母全方位地了解处于敏感期的孩子，同时给予孩子更有效、更科学的教育引导。

图书在版编目（CIP）数据

儿童敏感期心理学 / 柳卫娟编著.---北京：中国纺织出版社，2019.3

ISBN 978-7-5180-5781-8

Ⅰ.①儿… Ⅱ.①柳… Ⅲ.①儿童心理学 ②儿童教育–家庭教育 Ⅳ.①B844.1 ②G782

中国版本图书馆CIP数据核字（2018）第277246号

策划编辑：闫 星　　特约编辑：李 杨　　责任印制：储志伟

中国纺织出版社出版发行
地址：北京市朝阳区百子湾东里A407号楼　邮政编码：100124
销售电话：010—67004422　传真：010—87155801
http://www.c-textilep.com
E-mail: faxing@c-textilep.com
中国纺织出版社天猫旗舰店
官方微博http://weibo.com/2119887771
三河市延风印装有限公司印刷　各地新华书店经销
2019年3月第1版第1次印刷
开本：710×1000　1/16　印张：13.5
字数：169千字　定价：39.80元

凡购本书，如有缺页、倒页、脱页，由本社图书营销中心调换

前 言

孩子为什么喜欢在墙上乱涂乱画？孩子为什么总喜欢吃手？孩子为什么喜欢打人？孩子为什么喜欢扔掉手里的东西，捡给他又扔掉？孩子在生活中看似这样不经意的行为，其实隐藏着深意，然而却总是被父母所忽视。其实，孩子是到了成长的敏感期，作为父母，关注并把握好孩子的敏感期是必修课，更决定着孩子各方面能力的发展水平。

通过研究发现，人们的大脑终身学习是可能的，大脑终其一生都有再生的能力，也有产生新连接的能力。由于大脑终身都在学习，都在产生新连接，所以也没有真正的起点，随时都可以学习新技能，因此，孩子有学习敏感期，如对语言的学习，一两岁之前的孩子对语音、语调的学习，确实要比成年人敏感，而这个能力会随着成长而逐渐减弱。当孩子处于成长敏感期时，父母针对不同年龄阶段因材施教，可以让孩子形成积极、乐观的品质，培养有益于终身的学习能力。

不过，当孩子表现出敏感期的行为特征时，许多父母虽然察觉了，却不知道如何进一步帮助孩子，导致错失了教育的最好时机。甚至，父母会误以为孩子不听话，故意捣乱，他们对孩子的"淘气"行为批评斥责，给予正处于敏感期的孩子当头一棒，扼杀了孩子对未来成长的美好憧憬，使孩子变得胆怯、孤僻，缺乏对未来探索的勇气。每个孩子敏感期出现的时间并不一样，父母需要细心观察，才能及时捕捉到孩子的内在需求。当父母发现孩子对某项事物充满好奇和探究精神，或对某个活动乐此不疲时，那么首要考虑的是孩子是否到了敏感期。因为处于敏感期的孩子心里会有一股无法抑制的动力，这会驱使他对所感兴趣的特定事物产生尝试或学习的强烈兴趣，直到满足需求或敏感力减弱，这股无法抑制的动力才会消失。

  孩子成长过程会出现许多个敏感期，如自我发展敏感期、语言敏感期、学习敏感期等，父母可以根据孩子敏感期的行为特征有针对性地进行教育。同时，父母也可以有效了解和理解孩子不同时期出现的不同行为，从而有计划、有目的地加以引导和教育。

编著者

2018年9月

目 录

第01章 成长敏感期，孩子一生的关键期 → 001

　　孩子敏感期的系列特点 → 002

　　敏感期有利于培养孩子的记忆能力 → 009

　　孩子敏感期，父母教育很重要 → 012

　　敏感期，注重培养孩子的好习惯 → 015

　　敏感期，注重开发孩子早期智力 → 016

第02章 自我敏感期，确立孩子独立意识 → 019

　　"这是我的东西" → 020

　　"不要，我自己来" → 022

　　在孩子的自我认识阶段，帮助孩子形成健康的自我 → 025

　　不满足愿望就哭闹不止 → 028

　　独立意识开发萌芽 → 031

　　孩子渴望成长的自由 → 033

第03章 口手敏感期，引导孩子探知世界 → 037

　　口欲期，孩子喜欢吃手 → 038

孩子一言不合就咬人　→ 041

　　　　　孩子喜欢撕毁东西　→ 043

　　　　　孩子喜欢打人　→ 046

　　　　　孩子喜欢抢东西　→ 049

　　　　　让孩子动脑又动手　→ 052

第04章　语言敏感期，注重孩子的表达能力　→ 057

　　　　　孩子喜欢自言自语　→ 058

　　　　　培养孩子的创新意识　→ 061

　　　　　孩子说脏话，要不要管　→ 063

　　　　　小小语言家，孩子是一个话痨　→ 066

　　　　　孩子总喜欢问"为什么"　→ 069

　　　　　心理畸变，孩子爱上了说谎　→ 072

第05章　感官敏感期，让孩子感受事物　→ 075

　　　　　绘画敏感期，孩子的"涂鸦"梦　→ 076

　　　　　视觉敏感期，让孩子亲近大自然　→ 079

　　　　　模仿敏感期，孩子对同伴行为感兴趣　→ 081

　　　　　正确培养孩子的观察能力　→ 084

　　　　　别给孩子一个敷衍的假期　→ 086

　　　　　鼓励孩子多探索　→ 089

第06章　行为敏感期，正视孩子的"好动症"　→ 093

　　　　　正确对待孩子的"人来疯"　→ 094

　　　　　孩子精力太旺盛　→ 098

别再怪孩子老犯错 → 100

孩子的情绪敏感行为 → 103

第07章　学习敏感期，开发孩子超凡的智商　→ 107

好奇心带给孩子乐趣和知识 → 108

独立思考让孩子一生受用 → 111

启发孩子的想象力 → 113

锻炼孩子的耐力和意志 → 116

训练孩子的注意力 → 119

如何让孩子在玩耍中学习 → 121

第08章　叛逆敏感期，理解孩子内心的执拗　→ 125

孩子叛逆敏感期特点 → 126

孩子的自私与霸道 → 128

孩子强烈的逆反心 → 131

孩子喜欢"欺负"同伴 → 134

孩子在学校不受同学欢迎 → 138

第09章　习惯敏感期，让孩子养成良好习惯　→ 141

让孩子养成勤俭节约的好习惯 → 142

提高孩子的做事效率 → 144

让孩子养成主动做事的习惯 → 147

少立规矩，但一定要遵守 → 149

让孩子养成珍惜时间的习惯 → 152

让孩子学会理财 → 154

第10章　入园敏感期，帮助孩子度过磨合期　→ 159

和孩子一起做好上幼儿园的准备　→ 160

帮助孩子消除分离焦虑　→ 162

幼儿园是比家里更有趣的地方　→ 165

提前调整作息时间以适应幼儿园生活　→ 167

教会孩子自己动手整理书包　→ 169

第11章　亲子敏感期，让孩子感受到你的爱　→ 173

鼓励孩子发现自己的兴趣　→ 174

尊重孩子，他们才会更爱你　→ 176

你对孩子的关心到位了吗　→ 179

让爱走进孩子的内心世界　→ 181

什么才是最成功的教育　→ 185

孩子的成长需要赏识和肯定　→ 187

第12章　社会规范敏感期，让孩子学会秩序　→ 191

性意识敏感期，关注自己的身体　→ 192

社交敏感期，偶尔有逃离行为　→ 195

偶像崇拜，小小追星族　→ 197

个性敏感期，完美型孩子　→ 199

孩子太"乐于助人"　→ 202

让孩子遵守一些约定　→ 204

参考文献　→ 208

第01章
成长敏感期，孩子一生的关键期

敏感期，是孩子成长阶段最关键的一环，可以说是孩子一生的关键期。因为孩子的情感、智商、学习能力、习惯等都是从这一时期潜移默化地学成，所以，这一阶段的幼儿教育是相当重要。

孩子敏感期的系列特点

著名儿童教育家蒙台梭利发现孩子的发展也存在敏感期，通过对孩子自然行为的细致、耐心、系统的观察后指出：孩子在每一个特定的时期都有一种特殊的感受能力，这种感受能力促使他对环境中的某些事物很敏感，对有关事物的注意力很集中、很耐心，而对其他事物则毫无反应。对孩子的这种能力与印刻现象非常相似，蒙台梭利将其称为敏感期。

儿童敏感期指的是孩子在连续的、短暂的时间里，会有某种强烈的自然行为。在这段时期内，他们对某一种知识或技巧十分敏感。敏感期的出现使孩子对环境中的某个层面有强烈的兴趣，几乎掩盖了其他层面，而且在这个阶段孩子会出现大量的、有意识性的活动。如果父母能够趋利避害，在孩子敏感期内因材施教，将会事半功倍，快速提高孩子心智的发展。

当然，孩子的敏感期是很短暂的，且在这个阶段中只对一种特定的知识或技能感兴趣，过了这个阶段就会消失，不会再出现在同一时期对相同的兴趣点有同样强烈的兴趣感。当孩子的成长敏感期来临时，父母要组织相应的活动来培养他们，让这种能力真正地发展起来，如孩子喜欢乱涂乱画，父母不能因为要维持家中洁净不让他们涂画，若过了这段时期，让孩子画什么都没有兴趣了。

孩子敏感期的某些时间范围内，他会只对环境中的某一项特质专心，而拒绝接受其他特征的事物。同时，孩子还会不需要特定的理由而对某种行为产生强烈的兴趣，不厌其烦地重复，直到突然爆发出某种新的动机为止。

 小贴士

1.光感敏感期

通常孩子的光感敏感期在0~3个月，刚刚出生的孩子对光非常敏感，他们还需要花时间适应白天和晚上的光线差异。所以在这一阶段，白天可以打开窗帘，晚上关灯睡觉，让孩子慢慢适应自然的光线变化。

2.味觉敏感期

孩子到了4~7个月，他们的口腔可以感受到甜、咸、酸等味道。在这一阶段，父母已经开始为孩子添加辅食，所以要注意饮食的清淡，保护好孩子的味觉敏感度。

3.口手敏感期

4~12个月是口手敏感期，孩子喜欢吃手，用口进行尝试、感觉，同时喜欢扔东西，这是最早的手眼协调发育的标志。在这一阶段，要给孩子口腔发育的机会，不要管制孩子扔东西的行为。

4.动作敏感期

孩子在2岁时可以走路，有许多肢体动作。父母可以在这一阶段给予他充分的空间，做一些游戏，让孩子的肌肉得到训练，增进亲子关系，让孩子左右脑均衡发展。

5.语言敏感期

孩子从观察父母说话的口型到突然说话，这就是语言敏感期。父母要在这一阶段引导，多和孩子说话、多给他讲故事，当孩子需要表达自我感受时，自然就想开口说话了。

孩子3~5岁开始进入诅咒敏感期，喜欢说脏话，父母反应越强烈，孩子越喜欢说。这一阶段，父母不要在意孩子的语言，这并不是他想表达的，静待它过去即可。

6.自我意识敏感期

孩子1岁多至3岁是自我意识敏感期，他开始区分我的和你的、我和你的界限。他开始打人、咬人，再到模仿他人，慢慢有了自我意识。自我意识是孩子所有敏感期最重要的阶段，父母保护孩子自我意识形成敏感期，会培养孩子强大的人格。

7.社会规范敏感期

孩子2岁半至4岁，开始喜欢交朋友，喜欢参与群体活动，这说明孩子已进入社会规范敏感期。在这一阶段，父母要引导孩子与更多的孩子接触，如按时上幼儿园，因为幼儿园可以提供良好的交友环境。

孩子3岁半至4岁半，开始进入追求完美的敏感期。这一阶段父母要尊重孩子，对孩子的问题不要扩大化，在什么时间只针对什么事。

孩子4岁半至6岁，进入人际关系敏感期，开始寻找有相同情趣的朋友并开始互相依恋，经历人际交往的全过程，这种交往能力是与生俱来的。

孩子4~5岁，真正展开婚姻敏感期，孩子会说"想和爸爸（妈妈）结婚"，他们渴望拥有属于自己的空间，父母要给予其尊重和自由。同一阶段，孩子进入身份确认敏感期，希望自己是那个偶像，透过自己的偶像来表达自己。

8.感官敏感期

孩子1岁半至4岁是观察敏感期，他们常常喜欢观察细小事物，捕捉其中的奥秘，或做出一些父母不能理解的细小动作。这一阶段父母要引导孩子带着问题去认知世界。

孩子3~4岁，喜欢几何玩具，如钻箱子；开始对色彩产生感觉和认识，在生活中寻找不同的色彩；进入逻辑思维敏感期，总喜欢问"为什么"；

开始喜欢剪、贴、涂等些行为，训练小手肌肉和手眼协调；喜欢强烈占有某种东西，支配自己所属物的快乐。

孩子5~7岁，对自己的形象有了愿望和审美标准，特别是女孩子对自己的衣着和服饰产生了浓厚兴趣。

9.学习敏感期

孩子4岁半至7岁进入数学概念敏感期，对数字产生浓厚兴趣，父母可以让孩子帮助家里买一些日用品，通过花钱锻炼其数字能力及经济能力。

孩子5~7岁，把动作和看到的文字配合起来学习，不过只是宏观的。他们对自己熟悉的某些文字比较感兴趣，如自己的名字。

孩子4~7岁，进入绘画和音乐敏感期。孩子通过涂鸦表达自己的感受，是一个自然的展现，听到音乐就开始扭动自己的身体。可以说，孩子天生就有最高级的艺术欣赏能力。

孩子对文化学习的兴趣，起于3岁，而到6~9岁就出现想探究事物奥秘的强烈需求。所以这一阶段孩子的心智就像一块肥沃的土地，准备接受大量的文化播种。

敏感期是孩子的情感发展期

心理学家认为，婴儿的依恋是慢慢发展形成的，通常可以分为三个阶段：0~3个月，这一时期，婴儿对任何人的反应基本都是一样的，见到人的面孔或听到人的声音就会笑，甚至还会咿呀说话；3~6个月，这一时期，婴儿对母亲、熟人和陌生人的反应有了区别，对亲人会做出微笑、咿呀和啼哭的反应，对陌生人则很少会做出类似的反应；6个月至3岁，婴儿对母亲的依恋存在表示深切的关切。母亲离开就啼哭，回来就高兴。只要母亲在身边，就安心地玩耍，好像母亲是婴儿安全的保护者。

依恋，是婴儿与其父母间一种特殊、持久的感情联结，属于婴儿早期重要情绪之一。婴儿和其依恋的人接近，会感到舒适和愉快；遇到陌生的环境或人物时，父母的存在使之感到安全。当然，一旦依恋感建立，孩子就会感到后顾无忧，从而更加自由地探索周围的新鲜事物，愿意与身边的人相互接近，这对其以后的认知发展和社会适应会产生良好影响。

丹丹出生不久，妈妈就回公司上班了，因为妈妈工作比较忙，丹丹每天和保姆生活在一块儿。妈妈常常早出晚归，而且常常出差，丹丹整天见不着妈妈，就连睡觉也是和保姆在一起。

对丹丹而言，尽管自己住在家里，却像被寄养的孩子一样缺少和父母相处的机会。她倒是和保姆关系密切，每次保姆回家探亲，丹丹都不想让她走，好像比妈妈出差还要难过。在丹丹三岁时，保姆有了自己的事情，不能再带丹丹了，妈妈就给丹丹另外找了一个保姆。不过，丹丹却非常排斥新保姆，每天又哭又闹。妈妈很无奈，只好再换保姆，不过每次换的保姆，不论是好是坏，丹丹都难以接受。

丹丹的妈妈意识到了问题的严重性，而问题的根本是自己不应该把孩子完全托付给保姆。当丹丹形成对第一个保姆的依恋关系时，又给她换了别的保姆。妈妈又没有多余的时间陪她说话、玩耍，导致她和父母关系变得冷淡，感到孤独，以至于完全封闭自己。

美国一位女心理学家设计了一种专门研究婴儿依恋的方法，叫作陌生情境法。在这个测验中，她先让母亲抱着孩子进入一间实验室，玩了一会儿之后，一个陌生人进入实验室，先沉默，再和孩子的母亲交谈，之后让母亲离开房间，看孩子的表现。过一会儿，母亲再回来，看孩子的表现。

通过该测验，心理学家发现孩子的依恋状态是有所区别的。对此，父母可以仔细观察，以便采取正确的方法。

1.淡漠型依恋

有的孩子属于淡漠型依恋，约占所有孩子的11%。这些孩子的表现是，单独与母亲在一起时，很少关注母亲的行为，而是专心于周围的环境和玩具。与母亲的身体接触很少，主动与母亲交谈很少，与母亲的分享行为少。对陌生的人和事物，胆子较大，不退缩。母亲离开时，不哭泣，悲伤的情绪很少，依然很专心地沉浸在自己的世界里。即便是母亲回来了，也不会表现得太过积极，没有明显的喜悦。

2.缠人型依恋

有的孩子属于缠人型依恋，占7%。这些孩子单独与母亲在一起，喜欢缠在母亲身边，和母亲的身体接触或接近较为频繁，对玩耍不积极。对陌生的人和事物较为拘谨、退缩，和母亲分离时，表现出反抗、哭泣，十分悲伤；与母亲重聚时，急切地寻求母亲的怀抱，很久才会平静下来；有的孩子甚至会在与母亲重聚时表现出生气、反抗的行为。

3.安全型依恋

有的孩子属于安全性依恋，约占73%。这种类型的孩子单独与母亲在一起时，会积极探索周围的环境和玩具，常常与母亲进行远距离的交往，与母亲分享喜欢的玩具。若是遭遇紧张的情境，会快速回到母亲身边寻求保护和安慰。在母亲的鼓励下，可以很好地与陌生人交往。与母亲分离时，会哭泣，即便不哭泣，也会表现出不安的情绪来。若母亲回来了，则又会快速缓解悲伤和不安，很快与母亲一起游戏。

4.混乱型依恋

有的孩子属于混乱型依恋，约占9%。这样的孩子对母亲有较多的身体接触，与陌生人交往少，有点认生。一部分孩子在与母亲分离和重聚时表现出混乱的、不适宜的行为，如总呆呆地站在那里，长时间不动，或斜眼看着母亲，有的是既亲近母亲又反抗母亲。

当然，心理学家发现，安全型依恋的孩子，平时的表现正常，较少有反常的行为问题。其余三种依恋类型的孩子，则表现出各种心理、行为问题，如攻击性、过失行为、焦虑、胆小等；淡漠型依恋的孩子较容易出现明显的行为问题，如攻击行为；缠人型依恋的孩子容易出现内隐行为问题，如胆小、退缩等。

 小贴士

父母如何做才是重视孩子的依恋感，如何做才可以让孩子顺利度过依恋期呢？

1.给予孩子一个拥抱

心理学家认为，孩子的依恋是他们情感萌芽的开端。对于刚出生的孩子，父母应多向他们表达父母的爱，而表达爱最直接的方式就是多抱抱孩子，多抚摸孩子。与成年人一样，孩子十分需要得到父母的抚摸、拥抱，其实这是一种天性，心理学家称之为"接触安慰"。一个充分得到父母爱和抚摸、拥抱的孩子，依恋感的发育健康，身心发展会比较健康、稳定，对外界环境较为信任，与父母的关系也更融洽。反之，一个依恋感没有得到满足的孩子会情绪不稳定、烦躁、冷漠，对外界环境缺乏信任感，与父母以及他人的关系比较紧张。

2.与孩子一起玩耍

与孩子一起玩耍、创造亲子同乐的机会对减少分离焦虑、促进孩子对母亲的安全依恋有很大的帮助。刚开始的时候，父母可以抱着孩子玩玩具，然后让孩子一个人坐着，父母在旁边和他一起玩。这时假如有其他小朋友一起参与就最好不过了，父母可以先将游戏方法示范给孩子看，然后渐渐地让他能够自己一个人玩。当孩子可以独自玩的时候，父母可以去做一些家务事，不过一定不要离开孩子视线触及的范围之内。

3.不要把孩子轻易送给别人照顾

现代社会，由于工作忙、压力大，很多父母在孩子出生后，就把带孩子的任务交给老人或保姆，这样做等于把自己的责任给推出去了。尽管短时间看不到这种"只生不养"的教养方式对孩子的伤害，但其必定影响孩子的健康成长。所以，不要把孩子轻易交给老人或保姆照看，而要尽量把孩子留在自己身边，最好可以天天见到孩子。假如有实际困难，应由父母自己去克服，而不是让孩子去承担。父母不要整天只想工作，需要认真地对待和孩子相处的每一分钟，多听听孩子的心声。

4.形成安全型的依恋

孩子对母亲的依恋从出生开始到两岁半之间都比较强烈，这段时期，假如没有特殊情况，母亲最好与自己的孩子建立起稳定的依恋关系，不要常常让孩子生活在被剥夺母爱的环境里。即便母亲需要自己外出，孩子不愿意分离，也不要采取恐吓或打骂的方式，这会导致孩子不良的依恋后果，削弱亲子关系。而那些没有形成安全型依恋的孩子，一旦离开父母，就容易产生强烈的焦虑和不安，这样的孩子很难适应或者很长一段时间才能适应幼儿园的生活。

5.避免孩子产生失落情绪

若父母确实是由于工作或特殊原因不能亲自带孩子，也一定要想办法让孩子知道父母每天都在关心着他，尽可能减少孩子情感上的失落。孩子不在身边时，父母要常常和孩子打电话，多沟通情感，定期去看孩子，让孩子可以感受到父母时刻都在关心他，这样孩子的失落感就会大大减少，从而有利于孩子的身心发展。

敏感期有利于培养孩子的记忆能力

通常情况下，犹太人孩子的教育是从3岁开始的，父母为孩子选择交费的学校，也可以选择免费的公立学校。在学校里，孩子从记忆简单的文字开始，一直到可以诵读祈祷文。犹太父母的目的不是让孩子理解文章的意思，而是让他们背诵。在他们看来，假如孩子不能培养出一个好的记忆力，那以后就没办法学习其他事物。可以说，犹太人向来以较强的记忆力而骄傲，不过这并不是因为他们天生聪明，而是因为从他们两三岁开始，父母就会让他们背诵《圣经》，而且每天背诵一部分，然后形成一种习惯。

对于许多中国孩子而言，常常的例子是：放学后被老师留下来背诵课文，因背不出"九九乘法表"而被打。或许父母会认为这种方法是死记硬背，对孩子的学习并没有太多的好处。而孩子因为背诵恨透了一篇篇冗长的文章，恨透了接二连三的数学公式。然而，犹太人认为，背诵是学习的第一步。有时候孩子小时候背诵过的文章，长大后就可以随口而来，根本不需要大脑的片刻思考。更为关键的是，背诵的主要意义是培养一个好的记忆力。

玛丽很感兴趣："你们是怎么教育孩子的，怎么孩子的记忆力如此惊人呢？"维茨里笑着说："从小就背诵《圣经》，这可以培养我们的记忆力，比如我儿子现在才两岁多，就能完全背诵一整页的《圣经》内容了。"玛丽有些疑问："可是，《圣经》的内容好枯涩，他能懂吗？"维茨里回答说："不用他懂，他现在只要会背就行，慢慢地，以后他长大了就有我这样的超强的记忆力了。"玛丽不禁感叹："犹太民族真不愧是世界上最聪明的民族！"

只有让孩子从小背诵，才能更大限度地提高孩子的记忆力。而且，孩子开始背诵的时间越早，记忆力提高得也就越快。因此，犹太父母对孩子进行记忆力的开发，通常都是很早的，因为只有这样才能有效地锻炼孩子的记忆力。

其实，准确地说是重复朗诵。每天抽出一些时间，让孩子不停地重复诵读一段文字，读十五六遍让孩子休息玩耍一会儿，然后再让孩子继续重复诵读,直到孩子熟悉这段文字为止,这样下来就会达到有效的锻炼效果。

自然,孩子不可能理解所背诵文章的深层含义,父母当然明白这个道理,因此他们让孩子背诵的目的不是让孩子明白这其中的意义,而是让孩子先背下内容,等到孩子的记忆力得到锻炼之后,再让孩子慢慢理解背诵内容的含义。

 小贴士

1.对内容只背不理解

在让孩子背诵文章时只背诵,不需要理解文章的意义,这样才可以培养出一个好的记忆力。孩子童年时期的记忆力是他一生中最好的时期,这是毋庸置疑的。即便有了这样的先天条件,若不会挖掘、不去利用就会只停留在理论上,就如一只杯子,我们知道它可以装水却始终没有将水存放进去,那和不知道它能装水没什么两样。让孩子背诵,通过背诵刺激大脑进行记忆,通过反复地背诵,反复地刺激和记忆,大脑的记忆容量就会慢慢扩大。

2.背诵的内容不分有趣或没趣

有的父母或许不会同意死记硬背,他们认为孩子所记忆的假如都是自己不感兴趣的内容,那即便记住了也不能在这样的基础上进行理解。记忆容量受到记忆物本身的影响,孩子童年时期的背诵是促使这个记忆容量增大的,若没有记忆容量,那一切都将无从谈起。没有记忆力,人就不可能具有思维能力。

3.背诵要注意方法

与狂背不一样,孩子在平时的学习中就把该背诵的知识点记得差不多了，然后就是和背诵内容多见面。例如，一个单词、一首古诗、一篇文章能否记住，取决于和它在不同场合见面的频率，不在于每次看它时间的长短。

孩子敏感期，父母教育很重要

孩子敏感期，父母教育很重要。心理学家建议：父母要想教育好孩子，就要在孩子面前说出自己的期望。俗话说："好孩子是夸出来的。"这也是无数父母从亲身实践中总结出来的经验，孩子"爱玩、调皮、叛逆"，这都是孩子的天性，父母需要循循善诱，切不可与孩子发生正面冲突。如果你还是沿用"棍棒"教育，让孩子屈服于你的威严之下，只会让孩子更加反感，不仅会影响亲子关系，对孩子的一生也会产生不良的影响。

小豆子刚上小学一年级那会儿，每次放学回家都不认真写作业，妈妈大声斥责，小豆子也一副无所谓的样子，这可把妈妈惹生气了，她忍不住打了孩子。最后，小豆子老老实实地坐在那里写作业了。可是，当妈妈检查作业的时候，发现字迹潦草，还有好几处都出现了不应该出现的错误。看到这样的结果，妈妈又生气了，又开始训斥小豆子……

时间长了，妈妈发现小豆子越来越不听话，总是调皮捣蛋，不认真完成作业，而且学会了撒谎。以前孩子可不是这样啊？妈妈为此苦恼极了。

关于怎样教育好孩子，对每一对父母来说都是很棘手的问题，尤其是面对逐渐变得叛逆的孩子，许多父母真是没辙了。打也打了，骂也骂了，可就是不见效果，孩子总是不听话。其实，随着年龄的增长，孩子越来越叛逆，凡事都喜欢和父母唱反调，而且你越是打骂他就越嚣张。有父母抱怨"我已经管不了他了"，难道问题真的那么严重吗？

父母应该从另外一个角度来看待自己的孩子，多看孩子的闪光点，进行正面引导，这样孩子就会在夸奖赞扬中逐渐改变那些不良习惯，而且能够树立起自信心、上进心，形成良好的行为习惯。

无论是夸奖还是批评都应该是适当的，父母不能把孩子捧得老高，这样如果一不小心摔下来，孩子和父母都是承受不起的。好孩子是夸出来的，父母更要拿捏好"夸"的度，这样才能培养孩子良好的行为习惯。

 小贴士

1.摒弃"棍棒"教育，以赏识教育为主

在当今时代，随着社会的进步，人们观念的改变，许多父母都认识到了"棍棒"教育带来的弊端，并逐渐以赏识教育为主。的确，赏识教育作为新兴的一种教育方式，它主要是赏识孩子的行为结果，以强化孩子的行为；也是赏识孩子的行为过程，以激发孩子的兴趣和动机。赏识教育是一种尊重生命规律的教育，逐渐调整了无数父母家庭教育中的"功利心态"，使家庭教育趋向于人性化、人文化的素质教育。所以，父母在家庭教育中，应该摒弃落后的"棍棒"教育，以赏识教育为主，这样才有利于培养孩子良好的行为习惯。

2.多发现孩子身上的闪光点

一个孩子可能会很调皮，也可能学习成绩很差，但这时候，父母不要只看到孩子的缺点，忽视孩子的闪光点。每一个孩子都有闪光点，只要父母做个有心人，一定能在生活的点点滴滴中发现的，如他比较调皮，但计算能力很强；他语言能力不错，还可以自己编故事；他的绘画也很不错，所画的作品还在班上展出过呢。这样一想，你就发现夸奖孩子其实并不难。

只要孩子有一点点进步，做父母都不要忽视，要给予真诚的表扬。如"你今天一回家就开始写作业了，这个习惯真好，我相信你会天天这样做，是吗""今天你跟爷爷说话时用了'您'，语气也比以前更有礼貌了，很不错"。长此以往，你会发现孩子在一次次的夸奖中变得越来越有自信了，学习的兴趣也一天比一天浓厚了，行为习惯也一天比一天好。

3.任何时候都要注意说话的语气

随着年龄的增长，孩子的自我意识会越来越强，他也有自己的自尊心，也有自己的面子。但许多父母还是把他们当作什么都不懂的孩子，对他们说话从来不考虑自己的语气。这时候，孩子是比较敏感的，父母稍微有点不耐烦的口气，孩子也能感觉到，他会觉得自尊心受伤；如果父母当着许多人的面数落孩子，这更会让孩子觉得无地自容。所以，在任何时候父母都要注意自己对孩子说话的语气，以夸奖激励为主，切忌语气太重。另外，在外人面前也千万不要数落孩子，这会让孩子自卑。

4.当孩子取得了成绩，应给予大方的夸奖

有时候，孩子取得了不错的成绩，父母心里虽然很高兴，但总是给孩子浇一盆冷水，"这次成绩还行，可你同桌比你考得还好呢"，这样一个转折一下子就把孩子的自信心毁灭了。对于孩子来说，他们的心理还很简单，只希望得到父母的夸奖，如果父母有一点点微词，他就觉得没有了自信心，进而产生自卑的心理。所以，当孩子取得了成绩，父母千万不要浇冷水，要给予大方的夸奖，增强孩子的自信心上进心。

当然，"好孩子是夸出来的"并不是绝对的正确，教育孩子一味地靠夸奖也是远远不够的。而且，有的父母更是认为"孩子都是自家乖"，这样一味娇宠对孩子的成长也是极为不利的。

敏感期,注重培养孩子的好习惯

叶圣陶先生曾经说过:"什么是教育?简单一句话,就是养成习惯。好的习惯一旦养成,不但学习效率会提高,而且会使他们终身受益。"父母千万不要小看了"习惯",一旦养成改起来就很难,好习惯是这样,坏习惯也是如此。孩子的习惯一旦形成,就会直接影响其行为方式。俗话说:"三岁看大。"这就强调了习惯的重要性。所以,培养孩子良好的习惯就要从孩子日常生活的细微处着手,也就是那些往往被父母忽视的小事。

一位诺贝尔奖的获得者,在被记者问及成功经验从何而来时,他说:"我的成功不是在哪所大学、实验室里得来的,而是从幼儿园里学来的。在幼儿园里,我认识了我的国家、民族,学会了怎样与人交流、相处,如何分享快乐,知道了饭前便后要洗手,玩完玩具要收好,对待别人要有礼貌、学会谦让、善于观察等。"由此可见好习惯所带来的巨大受益,小时候养成的良好习惯对人的一生都有决定性的意义。

不少教育专家指出:"好习惯决定孩子的好命运。"一个人的习惯的力量是巨大的,一旦他养成了一个习惯,就不知不觉地在这个轨道上运行。如果是一个好习惯,孩子将会终生受益,童年则是培养孩子好习惯的最佳时期。

1.培养孩子良好的习惯

俗话说:"习惯成自然。"习惯一旦形成,就具有一定的稳定性,所以不良习惯的改正需要花更多的时间和精力,与其花费大量的时间来纠正孩子不良的习惯,不如一开始就让孩子养成良好的习惯。当然,好习惯不是一朝一夕就能养成的，必须经过长时间的训练才能够逐步养成，所以，父母对孩子的要求要有一定的持续性，不能三天打鱼两天晒网。另外，父母在培养孩子良好的习惯时，需要连贯性，如孩子的爷爷奶奶、外公外婆比较宠爱孩子，助长孩子的不良习惯，父母对孩子要求则比较严格，这时候，就需要稳定地坚持一种教育方式。

2.帮助孩子纠正不良习惯

虽然，父母十分注意孩子的生活习惯和学习习惯，但孩子还是难免会养成一些坏习惯。这时候，就需要父母帮助孩子纠正不良习惯。教育孩子是一门科学，必须讲究方法。父母要以鼓励提醒为主，切忌打骂斥责，应进行正面引导，动之以情，晓之以理，循循善诱，在孩子改掉不良习惯的同时，也要把好的习惯渗透到孩子心里，让孩子养成良好的生活习惯和学习习惯。

3.父母的表率作用很重要

培养孩子良好的习惯，父母要从自身做起，如果父母本身就没有好习惯，如不爱干净、花钱大手大脚、喜欢说脏话、做事不认真，孩子就会看在眼里、记在心里。时间长了，耳濡目染，就逐渐把父母身上的不良习惯集于自己身上。所以，要想孩子养成好习惯，父母就必须做出榜样和表率，那些有着不良习惯的父母也需要努力纠正，不断地完善自己，这既是教育孩子的需要，也是自己获得成功人生的需要。

敏感期，注重开发孩子早期智力

心理学家认为，孩子的成长遵循一种规律，也就是孩子的天赋随着年龄的增大而递减，开发孩子智力越晚，孩子与生俱来的潜能就发挥越少。

所以,有一句话是"孩子教育越早越好"。许多父母对此颇有疑虑,毕竟孩子太小就开始教育,于心不忍,也不希望孩子小小年纪就背上学习的包袱。但事实上,孩子早期智力开发是很有技巧的,并非教条般地学习,而重在智力开发。

至于教育越早是否有效,我们可以举一个例子:一棵橡树在适宜的环境,可以长到30米,这就是它的潜能。然而现实是,没有一棵橡树能长到30米,通常只会长到12~15米,假如生长环境打了折扣,只能长到6~9米;假如土壤肥沃、精心培育,则可达到24~26米。所以,孩子早期教育可以有效开发其潜能,更容易造就天才。

教育专家通过大量研究表明:假如孩子从5岁接受教育,即便是非常好的教育,将来也只能具备80分的能力;假如从10岁开始教育,就只能达到60分的能力,这就是天赋递减法则的典型例子。

母亲抱着孩子去请教达尔文关于一些教育孩子方面的问题,还没等母亲开口讲话,达尔文便称赞:"真是一个漂亮的孩子,几岁了?"母亲回答说:"刚好3岁,我总希望孩子长大后成为一个有用的人才,您是受人尊敬的科学家,所以我今天特别登门拜访,在您看来,什么时候对孩子进行教育最好呢?"达尔文笑着说:"我非常遗憾地告诉你,你现在已经晚了3年了。"

可以说,孩子从出生那天开始,就可以通过嘴、舌头及其他感官来探索这个世界。一个人从生命的开始,就有了感知的愿望。大部分父母觉得孩子还小,教育他们应该从合适的年龄开始。其实,生命本身就赋予了孩子求知的渴望。

日本古代驯养名莺的方法很好地说明了早期教育的重要性。据说,野生幼莺在很小的时候,驯莺人就把它从巢穴里捉来进行周密训练。在这些幼莺的身旁,通常放着一只名莺,名莺的叫声异常优美。驯莺人这样做的目的就是让幼莺每天都能听到名莺的叫声,使幼莺也能叫出美丽的声音。

当优美的声音传进幼莺的耳畔,幼莺的生理机能在潜移默化中改变了,不断跟随名莺的"教育"发生变化。在幼莺向名莺的发展过程中,驯莺人还要对其进行其他训练。驯莺人认为,如果没有第一步训练作为基础,就没有必要进行后面的训练了。也就是说,在整个训练过程中,挑选一只能起示范作用的名莺是最重要的步骤,这样便于幼莺模仿名莺的叫法。

教育学家一直提倡儿童应尽早地进行教育。通常情况下,2岁的幼儿就应该开始接受教育,主要培养幼儿的语言表达能力、身体运动能力及对周围环境的认知能力。3～4岁的儿童要进行系统的知识训练。

小贴士

1.胎教

母亲在怀孕时,不但吃什么东西对胎儿的成长有影响,而且喜怒哀乐的情绪也会影响胎儿,尤其是孩子以后的心智和精神。因此怀孕时尽量不服用药物,少吃辛辣刺激的食物,多听音乐,多看美丽的风景,不生气、不悲伤。

2.婴幼儿学前教育

别以为婴幼儿无知无识,不会说话。其实,从孩子一出生,一旦接触外部世界就开始了认识世界的历程。他随时都在吸收、学习,而且婴幼儿学习和吸收的速度跟成人比起来要快得多。这一时期的教育并不只是语言、行为方面的,还有品性方面的。

3.幼儿教育

对大一点的幼儿,需要进行系统的知识教育,以及动手能力、思维能力、品德观念等的教育。作为父母,别总是找借口说"孩子小,他懂什么",毕竟其一生的思维潜能、品德都奠定于此,不容忽视。

第02章
自我敏感期，确立孩子独立意识

一旦孩子进入自我敏感期，独立意识就开始萌芽。作为父母就应该尊重孩子的独立意识，让孩子成为孩子自己，而不是父母的影子。当孩子说"我自己来"时，就让孩子自己来；当孩子想要"干什么"的时候，就让他自己干。

"这是我的东西"

心理学家认为,2岁的孩子自我意识开始萌发,"我"字当头,想着反抗权威,所以往往与父母对着干,这就是孩子的第一反抗期。这一时期,孩子表现得比较激烈,寻求强烈刺激,以发泄心中的不满。

在这一阶段,孩子开始对父母说"不",周围的事情他们都想大包大揽地干上一番,表现得非常自以为是。这时的孩子身体已经相当协调,能跑能跳,能抓能捏。他们进入独立欲求的第一个反抗期,逆反是这个时候孩子的常见表现,也是对父母或者老师的要求做出的一些故意反抗的行为。

第一反抗期是孩子成长过程中的一个重要转折点,孩子的这一时期能否顺利度过对孩子今后的发展有很大的影响。在第一反抗期之前,孩子的生活都是由父母精心照料的,孩子的自由度较小,随着孩子独立意识的增强,自然要抵抗父母的约束。孩子出现逆反意味着长大,父母只有及时调整自己,适应孩子的变化,才能做到与孩子一起成长。

孩子到了反抗期,总是故意捣乱,不是翻腾鞋柜把所有鞋子都扔出来,就是在墙上到处乱涂乱画。不仅如此,还喜欢抢别人的玩具,尽管手里拿着刚买的玩具,但只要看到别人的玩具是自己没有的,便会一把抢过来,大声说:"这是我的。"一旦他做出故意捣乱的行为,父母便会责骂,他反而变得更兴奋。

孩子出现逆反时给人的感觉是火气很大,好像身体里充满了怨气。因此父母对待孩子的逆反期应该以疏导为主,尽可能避免与孩子针尖对麦芒地发生冲突,同时,父母要注意引导孩子,使孩子知道什么是对的、什么是错的,从而使孩子朝着正确的方向发展。

 小贴士

1.别指望孩子反思自己的行为

孩子发脾气时有的父母会完全置之不理,想用无声让他懂得"错了",这对2~3岁的孩子而言是极不合适的。也有的父母会提前告诉孩子不能生气,否则就不让他玩玩具或者把玩具送人,这个方法有时不会起作用。因为2岁的孩子还不懂得"否则"是什么意思,也不会这样想问题:生气会导致没有玩具玩,不生气就有玩具玩,因此对孩子还需要适当的正面教育。

2.教给孩子一些基本技能

这一阶段的孩子总是做不好一件事,心里着急,就容易发脾气。这时父母可以教孩子怎么做。例如,孩子玩积木总是滑下来,可以教孩子如何保持平衡;孩子投球老是投不准,接球又接不住,可以教他投掷,接球时,手的放和收的技能;等等。

3.拒绝的同时给予适当安慰

对于孩子提出的要求,能满足的尽可能满足。例如孩子夏天想吃冰淇淋,就让孩子吃一个;不过冬天冷,孩子想吃也不能给他吃。父母认为这是无理要求,不过孩子却认为这两种情况是一样的,没有无理和合理的区分。当孩子提出无理要求时,可以用眼神、手势、简单否定等方式让他懂得，这个要求父母不同意。但是，在拒绝孩子这个要求的同时，要给他合理的东西满足他。例如不能给冰淇淋，可以给一块小蛋糕，只是拒绝，没有给予，就达不到教育目的。

4.合理发泄情绪

遇到不愉快的事情，产生了不愉快的情绪，发泄比憋在心里要好。

"不要，我自己来"

许多孩子在自我敏感期，就会说"不要，我自己来"。其实，这也是孩子的心理断乳期。断乳也叫作断奶，对正在逐步成长的孩子而言，他们还需要另外一段断乳期，那就是心理断乳期。心理断乳期的真正意义是摆脱对父母的孩子式依恋，走上精神的成熟与独立。所以，在这一阶段，父母应该把对孩子的爱放在帮助他们完成从幼儿到儿童的转变上。

孩子在成长过程中，需要经历两次心理断乳期，第一次心理断乳发生在2~3岁，也就是婴儿期向幼儿期的过渡；第二次心理断乳发生在13~14岁，也就是童年期向少年期的过渡。共同之处在于孩子具有强烈的反抗意识，他们会变得十分任性、固执，出现逆反心理，给孩子的教育带来很大的困难。当孩子处于心理断乳期时，父母应该冷静对待、正确教育、积极引导，否则会让孩子形成影响其一生的坏脾气。

萌萌2岁了，她经常说的一句话就是"不要"。出门坐电梯要自己按楼层键，如果爸爸妈妈伸手去按，萌萌就会大哭："不要，不要，我自己来。"有一次，因为爷爷先按下了楼层键，萌萌硬是从1楼哭到20楼才作罢。

吃饭时，萌萌也要自己夹菜，但是她常常拿不稳筷子，菜也会扔得满桌子都是。这时妈妈便会说："宝宝，妈妈给你夹菜，好不好？"说完就

第 02 章　自我敏感期，确立孩子独立意识

夹了菜放在萌萌碗里，没想到萌萌马上不高兴了，她用筷子将碗里的菜夹出来，使劲地摔在桌子上。

孩子到了2~3岁就会出现一些显著的特征，如常常表现出探索行为，在探索过程中自尊心快速高涨，孩子非常希望表现自己，所以，这个时期孩子生活在自我意识的明显特征就是自主。这一时期孩子什么都希望"自己做"，对父母的要求和帮助经常说"不要"来拒绝。但事实上，孩子的行为经常受到父母的禁止和限制，这会引起孩子的强烈逆反情绪，经常以反抗和拒绝来表示自己与父母的矛盾冲突。在这个阶段，孩子变得十分固执、任性，大部分父母认为是孩子个性有些奇怪，并没有进行过多的关注。其实，这并非孩子个性的表现，而是其从婴儿期向幼儿期过渡的行为特征。假如父母不能以正确的态度认识这些行为，以科学的方法引导这些行为，对孩子施以正确的教育，就会导致孩子形成不良的个性特征，影响其健康成长。对此，父母要正确认识这个特定时期孩子的行为，为实施对孩子的正确教育找准方向。

 小贴士

1.正确认识孩子的心理断乳期

父母要认识到这一阶段是孩子身心发展的必然反应，只是每个孩子反应的时间和程度不一样而已。孩子在心理断乳期身心达到了相对成熟的阶段，可以自由地与父母交流，能够做很多事情，有了初步的思维能力，于是有非常强烈的独立意识，希望自己在家庭中有一席之地，可以与父母平等。孩子羡慕成年人的生活，渴望独立，这使得他们拒绝父母的关心、帮助，但很多时候孩子的行为超出了年龄的允许，是不顾一切后果的做法，不可能得到父母的认同，于是父母和孩子之间便产生了冲突。

2.父母要做好心理上的准备

孩子处于心理断乳期，父母要保持平和的心态，首先在心理上做好准备，千万别责怪孩子和自己。由于孩子有了强烈的独立意识，渴望从心理上"断乳"，使孩子特别容易产生逆反心理。又由于父母对孩子行为的限制甚至惩罚，使孩子的好奇心、求知欲得不到满足，感到自己得不到父母的尊重，于是产生与父母的对立情结和对父母的反感心态，不论父母说的是否对，孩子都采取拒绝的态度，并把与父母对抗作为心理安慰，从中获得快感。

3.孩子的自立是可贵的

父母需要认识到孩子的自立是十分可贵的，需要保护孩子的自尊心和自信心。同时学一些儿童心理学知识，详细分析孩子行为的原因，以平等的态度和孩子沟通，因势利导，不要限制孩子做这样做那样，要鼓励孩子去做，让孩子感受父母的爱，而不是完全的对立，这样可以避免孩子逆反心理的出现。

4.引导孩子的任性

孩子处于心理断乳期时，父母要积极引导，不能让孩子凭着性子做事，对孩子出现的错误要及时纠正。很多时候孩子不容易接受父母的建议，一旦自己不合理的要求被父母拒绝，孩子就会使出浑身力气去反抗。这时父母不要觉得孩子大了脾气自然就会变好，必须对孩子的错误及时制止，对孩子完全迁就、溺爱会让孩子形成不良的个性。

5.教育需要讲究策略和艺术

孩子在对抗父母的过程中往往是紧张的，父母可以偶尔对孩子做一些非原则性的让步，让孩子感受到自己的价值。面对亲子间的矛盾，父母可以采用"不理睬"和"冷处理"的方法，如对孩子哭、闹、任性等不理会，等孩子冷静下来再进行教育和引导。或者根据孩子的心理特点，适时用一些针对性的教育方法,因材施教,培养孩子良好的个性品质。

6.充分理解孩子

父母对孩子的了解不能局限于表现,必须学习一些心理学的知识,了解孩子的心理断乳期。在孩子这一成长阶段,父母需要与孩子建立一种亲密的、平等的朋友关系,相信孩子独立处理事情的能力。因为在这个时期,孩子十分渴望父母的理解。

7.尊重孩子的个性

父母要多尊重孩子的个性,尽量支持他们,特别是当孩子遭受挫折、失败的时候,帮助孩子分析事情和自己的心理,共同找出一个可以被孩子接受的解决方法。对孩子不合理的行为,父母要加以制止,不过要采取孩子能接受的方法,避免伤害孩子的自尊心,导致他们封闭自己的心,不再和父母沟通交流。

8.给予孩子成长空间

孩子是一个独立的生命体,不可以被安排,让孩子成长、成熟,似乎让父母失去了拥有孩子的感觉,这对于父母来说是一个艰难的过程。但请父母给予孩子成长的空间和机会,孩子需要经历一些过程,才能够成长和壮大,从而变得更坚强、更勇敢。

在孩子的自我认识阶段,帮助孩子形成健康的自我

孩子在开始认识自己的时期,有两种矛盾心理:有心自己做事,又担心失败。所以,当孩子失败时,如果父母说:"你看,你不按妈妈教的做,搞砸了吧。"结果,孩子就会慢慢失去信心,容易变成依赖父母的消极孩子。

于是，父母总是感叹：孩子缺乏积极性。这时父母可以反省一下，是否是自己扼杀了孩子想要自立的萌芽呢？尽管孩子开始认识自我，不过还缺乏自信，有时还会故意和父母作对，违背父母意志。这个时期父母在培养孩子的过程中态度如何，对孩子的人格形成将起到很大作用。

在这个时期，父母要帮助孩子形成健康的自我。所谓"自我"，指的是人们依据周围环境发展而形成的有关自己的情感和态度。而"健康的自我"指的是人们按照周围环境的发展而形成的有关自己的正确认识及积极的情感和态度。假如孩子形成了健康的自我，他们就会意识到自己在这个世界上是有价值、有力量、有能力、有位置的。这将帮助孩子树立起自尊心、自信心，获得客观的自我知觉、积极的自我意向与公正的自我评价，为他们人格的和谐发展奠定坚实的基础。反之，就会使他们产生自卑感，丧失基本的自尊与自信，并导致自我知觉失真、自我意向消极、自我评价不公，从而使得人格的发展陷入混乱状态。

乐乐在上幼儿园，中午妈妈去接她时，发现她总是有意无意躲着妈妈，双手背在身后，有些不知所措。妈妈关心地问："宝贝，怎么了？今天上课开心吗？"乐乐点点头，但神色还是不自然。妈妈伸手拉着乐乐，她很不自然地扭来扭去，妈妈一撇眼看见乐乐的裤子就知道这孩子尿裤子了，问道："你是不是尿裤子了？"乐乐急红了眼，连连摇头："没有，没有。"妈妈知道乐乐是害羞了，再说下去孩子该哭了。

妈妈发现，乐乐开始变得害羞了，以前家里来客人了，她总是大大方方地唱歌跳舞。现在如果让她当众表演节目，她就会难为情，不再落落大方。妈妈就疑惑了，这孩子怎么越长大越不懂事呢？

孩子对自我的认识过程，大概包括对以下三个问题的回答。第一个问题是："我是谁？"孩子要回答这个问题，需要有意识地了解自己——了解自己的身体、优缺点、兴趣、爱好，了解自己生活圈子里的父母、教师、同伴等。第二个问题是:"我是什么样的孩子?"孩子了解自己后,慢慢明白"原来我是这样的"。不过他们能否正确地认识自己并在此基础上接受自己,却在很大程度上受成人和同伴的影响。第三个问题是:"我往何处去?"孩子了解并接受了自我,对自己今后的目标和计划也有了模糊与朦胧的意识,并对自己将来要做什么、想有什么样的成就等问题开始有了兴趣。

在孩子的自我发展中,由于受自身心理发展水平的限制,尤其是认识发展水平的限制,孩子自我认识发展的总体水平还是比较低的,他们还不能对自己进行独立、客观的评价,而往往按照父母的评价来评价自己。特别是孩子形成自我的第二个阶段,在这个阶段,父母的鼓励和支持是能够促进他们对自己积极的情感与态度的,而孩子能够接受自己,对自己形成积极的情感与态度,那他们就更有可能形成健康的自我。

小贴士

1.引导孩子形成良好的人际关系

孩子健康的自我是通过人与人之间的互动形成的,父母应帮助他们以满腔的热诚、富于同情与仁爱之心走向社会,建立良好的人际关系。父母在与孩子相处时,要熟练地掌握和运用爱的策略,善于向孩子表露自己的喜怒哀乐。成人的情感世界通常比较内隐、含蓄,孩子的情感表达则直接而外露,这就要求父母将自己的情绪体验充分地表露在孩子面前,以达到交流的目的。父母要善于真诚地向孩子坦露心迹,表达自己的一些内心感受,使孩子看到一个真实的父母形象,从而进一步强化彼此的情感联系。

2.创造平等和谐的家庭环境

在平等和谐的家庭环境中,孩子能够自由表达自己的兴趣和爱好,表现出自己与别人的不同之处。在这样开放的环境里，人际关系亲密、安定、平等，大家彼此尊重和关心他人的自我，而不是以自己的标准去强求别人。父母在与孩子交往时，要把自己与孩子摆在一个平等的位置上。

3.鼓励孩子，让孩子充满自信

父母要常常鼓励孩子做自己力所能及的事情，并在孩子缺乏自信时给予开导、支持和鼓励。更重要的是，父母不要以自己的需要和要求代替孩子的需要和要求。为了增强孩子的自信心，父母应该采取"不加判断"的态度。当孩子有某种经验、反应、感受时，父母必须把它看作一种现实存在或真实表现加以接受，并鼓励他们坚持自己的观点。父母只有真正接受孩子的现实，孩子才有可能接受自己，并认为自己是有价值的人，是值得被注意和接受的。在此基础上，孩子才能形成乐观的、积极的对自我的态度和信念。

4.为孩子保守秘密

父母一旦承诺为孩子保守秘密，就要严格遵守。假如不慎说了出去，一定要及时向孩子道歉，以得到孩子的谅解。

5.培养孩子对父母的信任感

孩子的隐私具有相对性，对不信任的人是隐私，对信任的人就不是隐私了。对此，父母需要尽可能通过关怀、尊重等方式赢得孩子的信任。

不满足愿望就哭闹不止

在生活中，我们经常看到一些孩子为了达到某种目的特别任性，有时甚至会哭闹不止，把父母搞得精疲力尽还不罢休。面对这样的情况，有的父母选择退让，或者听之任之；有的父母则把这种任性完全归咎于独生子女带得太娇惯。

据美国儿童心理学家威廉·科克的研究表明，孩子任性是一种心理需求的表现。孩子随生理发育，开始慢慢接触更多的事物。他们对这些事物的正确与否，不可能像父母那样可以瞻前顾后地分析，甚至做出判断。孩子只是凭着自己的情绪和兴趣来参与，虽然这些事物往往是对他不利的，甚至是有害的。这时父母会以成年人的思维去考虑孩子参与的结果，完全忽略了他参与的情绪和兴趣。

楠楠的任性使父母万分头痛，如他从幼儿园回来，一刻不停地在屋里又蹦又跳，一会儿蹿到沙发上，一会儿又爬到床上，屋里被弄得凌乱不堪，他自己也浑身大汗，满脸通红。在看电视时，楠楠总爱把音量放得很大，家里人简直没办法说话、学习和休息，谁要是说他两句，他就大吵大闹，也不管地上是水还是泥，躺在地上又哭又叫。如果来了客人，孩子则像发了"人来疯"一样，喜欢拿着东西乱扔，一会儿投个布娃娃，一会儿又抛个小枕头，甚至可以把一只拖鞋踢进香喷喷的鸡汤里。

处于独立意识萌芽期的孩子，一切事情都想亲力亲为，都想弄个透彻，这本来是一件好事。不过，这种"亲力亲为"的心理，往往会在不适宜情境中表现出来。父母对于这样的情况，不可全权包办代替，也不要断然拒绝。否则，孩子的任性心理将会更加严重。孩子的任性，其实是一种与父母对抗的逆反心理，其根源在于父母没有重视他们的心理需求。

小贴士

1.鼓励孩子多与小伙伴玩

群体生活的一个重要原则就是少数服从多数，假如个人的意愿与多数人不一致，那就会被否定。父母可以多让孩子与小伙伴玩耍，因为在同龄人中间，假如孩子总是任性，他就会被群体孤立。即便是在家中，比较任性的孩子处于群体之中时，也不会随便把自己的小性子表现出来，他觉得自己任性只会遭人讨厌。这样时间长了，孩子身上任性的毛病就会慢慢淡化。

2.转移孩子注意力

当孩子任性的时候，父母可以利用孩子容易被其他新鲜事物所吸引的心理特点，把孩子的注意力从他坚持要做的事情上转移开，从而改变孩子的任性行为。假如孩子在一个地方玩得很上瘾，不管父母怎么说他都不愿意离开，父母不妨说："走，我带你去坐汽车。"孩子就会愉快地答应下来。

3.培养孩子良好的行为习惯

培养孩子良好的行为习惯，可以从根本上解决孩子任性的问题。父母可以让孩子从小养成良好的行为习惯，处处按照要求做，孩子就可以自觉地和父母保持一致了。一旦孩子养成了良好的生活习惯，做什么都有规矩，就不会随便提出一些特殊要求。

4.情感上理解，行为上约束

父母要在情感上表示理解，但在行为上要坚持对孩子的约束。如在吃饭的时候，孩子忽然想起桌上没有自己喜欢吃的菜，就生气地拒绝吃饭。即便冰箱里有原材料，父母也不要迁就孩子给他做，应明确表示饭菜已经准备好了，就不应该随便换。假如孩子继续哭闹，就让他饿一顿，等他觉得饥饿时，自然会寻找东西吃。

5.坚持原则

孩子任性往往是抓住了父母的弱点，如父母越怕孩子哭，孩子就越是哭个没完；父母越怕孩子满地打滚，孩子就偏在地上滚个没完。所以父母对孩子提出的不合理要求，不论他怎么哭、怎么闹，都要坚持原则，不能妥协。

6.适时表扬

有的父母认为孩子就是这样任性，估计是改不了的。实际上并非如此，孩子毕竟小，只要父母善于诱导，完全可以改变他任性的毛病。父母在诱导时要多利用积极因素，用积极因素克服消极因素。每当孩子任性时，父母就表扬他的优点，孩子听到表扬之后情绪自然就缓过来了。

独立意识开发萌芽

为什么孩子进入自我敏感期以后，就变得和以前不一样了，不听话了？这是许多父母都感到棘手的问题。教育专家表示，这一年龄阶段的孩子正值生理发育期，生理心理都有很大的变化。在这个时期，父母不能再像以前那样直接干预孩子的生活，而应从思想入手，增进亲子沟通。否则，孩子容易产生逆反心理，甚至产生敌对情绪。

在自我敏感期，孩子一方面觉得自己已经是个成年人，竭力想摆脱父母的管教，不愿意被当作小孩子，渴望有独立的人格，渴望得到父母的接纳、理解和尊重。同时，希望获得某些权利，找到新的行为标准并渴望变换社会角色。在这个过程中，一旦他们的自主意识受到阻力，人格发展受到限制，他们就会反抗。此外，由于他们的社会经验不足，自我生活能力还比较差，尚不能完全摆脱父母，他们的内心会产生各种各样的困惑与焦虑。

中国的父母总是过分关心孩子的事情，一旦孩子遇到困难，他们比孩子还忧心忡忡；一旦孩子出现失误，他们就觉得自己有很大的责任。孩子在物质生活上依赖父母,父母在精神生活上依赖孩子。假如父母用成年人功利的价值取向要求孩子决定取舍,当孩子的发展不能满足自己的期许时,就会产生教育职能被剥夺的焦虑。

父母对孩子的过分保护会产生两种极端的后果,一种是孩子对父母的指引全盘肯定,对父母过于依赖,形成思维惰性,没办法选择适合自己的生活道路;另一种是,孩子对父母的要求全盘否定,陷入盲目的亲子敌对关系中,强化叛逆心理。再者,父母对孩子辨别能力不认同,总是入侵孩子的私人空间,会造成孩子自我形象低下,他们会将自己许多青春期普遍存在的适应不良问题都归纳为父母的教育问题,从而激化亲子矛盾。

小贴士

1. 对孩子的爱不需要附加条件

父母要给孩子最纯真的爱,但不能在"爱"的情感中附加任何条件。有的父母关心照顾了孩子,就要求他回报优秀的成绩。而且,父母需要充分信任孩子,有的父母总希望随时监视孩子,知道他的所有事情,知道他的一举一动,这会让孩子十分反感,从而破坏亲子之间的信任和关系。

2. 做好亲子沟通工作

心理学家认为,引导逆反期的孩子,最主要的就是做好亲子沟通工作。与孩子建立良好的亲子关系,不能忽视孩子的存在,更不能破坏性地批评和强迫,这会大大地损害孩子的自尊心。有的父母总喜欢拿自己孩子的短处与别的孩子的长处做比较,这会引起孩子强烈的抗拒心理。假如当众管教孩子,那他的逆反心理会更强烈。父母只有多鼓励和表扬孩子,才能拉近亲子关系。

3. 对孩子不要强行"溺爱"

备受冷落的孩子希望得到父母的关爱,渴望得到自由的孩子却被父母强行"溺爱",似乎不能自由呼吸。一旦孩子进入逆反期,父母需要记住:不要想方设法却控制他。假如希望孩子好,就要沉下心来帮助他找出自身的价值观,以平等的方式创造、增大或转移孩子在乎的价值,使孩子产生推动自己的行为。

4. 培养孩子的自主性

自主性包括独立性、主动性和创造性三方面。父母在日常生活中要注意培养孩子的自主性,鼓励孩子自己做主,允许他偶尔做一些不明智但安全的决定,引导孩子从错误中吸取教训。

5. 保持孩子独立的人格

父母和孩子都是具有独立人格的个体,谁也没有必要为了对方而牺牲自己,更不可以将自己的主观意志强加给对方。这意味着父母与孩子之间应保持适当的心理距离,不要过于卷入。父母不可能始终陪伴在孩子身边,为他的一切选择做主。为了孩子未来能够适应社会,现在就要培养孩子独立的人格。

孩子渴望成长的自由

心理学家认为,处于自我敏感期的孩子做什么事情都以目标导向为基础,他们个性独立,不喜欢向人寻求帮助。这样的孩子需要的是较为自由的空间,假如父母总习惯性地对他们加以限制,打击他们脆弱的自尊心,那就会让他们积极主动的天性受到伤害。

小川有点叛逆、多变。我感到这个孩子很复杂,一会儿温顺如羊,一会儿暴躁如虎。有一次我带着他去旅游景点，由于我们到得比较早，当时景点的大门紧闭，周围没有一个人，再加上北方的秋天早晚已经很凉了。面对紧闭的大门，顶着瑟瑟的秋风，小川对我说："妈妈，公园的门不高，这里又没人管，我们不要在这里傻等了，爬进去吧！"我在想，孩子怎么能这样呢？

后来我带着好奇心，上网搜看了相关文章，才发现原来小川正处于自我敏感期。这样的孩子外倾性比较明显，情绪兴奋性高，抑制能力差，反应速度快，精力旺盛，不过不稳重，喜欢挑衅，脾气暴躁。面对这样的孩子，我该怎么办呢？

心理学家指出，敏感期孩子比较有主见，性格直爽，不拘小节，自我控制能力比较强，且有较强的支配力，不希望受他人的支配。他们最大的特点就是性格急躁，遇到事情容易做匆忙的决定。他们好像总是安静不下来，不是坐着乱动，就是四处走动，有时还会做出种种夸张的举动。

小贴士

1.提醒而不是批评

由于孩子精力比较充沛，积极热情，喜欢说话，同时他们喜欢惹是生非，因此对这样的孩子，父母就要提醒他们遵守纪律，学会控制自己的行为。即便想要对他们进行批评，也需要注意自己的口气和语言，不要大声训斥，更不能激怒他们。假如父母由于孩子写作业写得很潦草，就大声训斥，有可能导致孩子不仅不会好好写作业，反而会将作业本撕了，或干脆不写了。

2.学会理解孩子

孩子需要爱，父母需要学会理解孩子。不过，在面对敏感期孩子时，许多父母容易失去耐心。实际上，这时父母是没有给孩子足够的爱，不管孩子是属于哪种类型的气质，都需要被爱。假如对孩子的教育离开了爱这个前提，那根本达不到教育的效果。

3.抑制孩子冲动的情绪，培养其耐性

孩子自制力和感情平衡能力都比较差，父母需要引导孩子磨炼他的耐心，用行为削弱其气质弱点。父母可以告诉孩子：当你做决定之前，可以咨询父母是对是错。当孩子没办法面对一些事情时，父母可以告诉孩子冷静的方法：深呼吸、放松。这样可以让孩子安静下来，从而达到培养其耐性的目的。

4.父母要学会控制自己的情绪

父母不要强迫孩子去改变，任何孩子都不应该因为父母的喜好而改变自己，这样的教育对孩子的成长是极为不利的。假如孩子感觉到了强迫，他们会反抗。同时父母要控制好自己的情绪，不要向孩子的暴躁脾气屈服。当然，对孩子也不要语出讽刺，此类方式只会导致相反的效果。

5.保持安静和谐的家庭氛围

父母对待孩子的态度要平静，不过也要严格，和孩子说话要平和、冷静，切忌高声叫喊，帮助孩子克服不安静和急躁的特点。平时可以让孩子做一些安静的游戏，如画画、下棋等，培养孩子的耐性和理性思维。假如孩子提出不合理的要求和愿望，父母可以进行"延迟满足"，培养孩子的耐心和自控力。

6.退一步思考

父母在面对胆汁质孩子发脾气时，不应马上处理，而应退一步思考，孩子为什么要这样去做？孩子怎么会有这样的情绪？父母可以把这件事放到第二天去处理，同时引导孩子回忆自己做错事情的过程，这时不要用责备的语气，可以客观地询问孩子当时发生了什么事情，这样利于帮助孩子跳出那种强烈情绪，理智地看待自己做错的事情。

7.给孩子讲道理，而不是摆架子

敏感期孩子很容易发脾气，不过他们很讲道理。在孩子因为冲动犯错时，父母不要动不动就对孩子发火，在事情发生之后可以用平静的语速和声调与孩子讲道理。父母这样做，孩子比较容易听话，教育的成效也是比较大的。

8.培养孩子的注意力

通常而言，逆反期孩子的情绪比较亢奋，很容易分心。在平时生活中，父母不要打扰正在专心致志做事情的孩子；父母若是发现孩子的兴趣，需要从兴趣上培养孩子的注意力，延长孩子的注意力时间；父母可以让孩子选择一个事物凝视，随着视野变小，孩子的意识和精神也就慢慢集中起来，心也会慢慢地平静。

第03章
口手敏感期，引导孩子探知世界

进入口手敏感期，孩子不仅仅用口来吃东西，而且可以用口捕捉到所有认识的事物；不仅仅用手来拿东西，而且用手来探索新奇的世界。在这一敏感时期，父母应该积极引导孩子探知世界。

口欲期，孩子喜欢吃手

不少父母发现，1岁内的孩子总是喜欢吃手，总担心孩子吮吸到手上的细菌。实际上，孩子1岁内吃手，是口欲期的正常表现，假如父母过分阻止，就会造成口欲期的延迟，从而不利于孩子的健康发育。

孩子喜欢吃手，源于他处于口腔敏感期。孩子出生后第一年称为口欲期，是人格发展的第一个基础阶段。在这一阶段，孩子强烈需要一种安全感，有着强烈的吸吮要求，特别是在即将睡觉时更加明显。刚出生的孩子喜欢吃手是很正常的，这一方面可以带来舒服感，降低焦虑；另一方面，孩子本来就有吸吮的反射和需求，而吃手带来的满足感和吃母乳的感觉是不一样的，所以即便是吃饱了，孩子也会习惯吃手。

妍妍今年3岁了，从她1岁开始就有吸吮大拇指的习惯。刚开始，妈妈准备纠正这个习惯，但妍妍每次吸吮着大拇指就很好地入睡了，也不吵闹了，妈妈觉得这省了哄孩子睡觉等很多事情，所以就作罢。

没想到妍妍到了两三岁，依然有吸吮大拇指睡觉的习惯，妈妈才意识到这个问题，每次她让妍妍把手放下，妍妍都不干，再说就哭闹，很久睡不着。即便在妍妍睡了之后，把她的手放下来，但等一会儿她又自己吸吮上了。妈妈感到苦恼，这个习惯怎么样才能彻底戒掉呢？

孩子1岁以内吃手是正常的，但是两三岁还在吃手，父母就需要注意了，应该想办法让孩子改掉这个习惯。因为对于1岁以内的孩子来说，吃手是生长发育中的一个必然阶段，吃手是了解世界、感知世界的最好途径。孩子到了五六个月时，在父母的引导下学会了用手，看见什么都喜欢抓了送到嘴里，父母又开始纠结，那些东西不卫生等。其实，这一阶段，孩子的口手协调能力得到进一步的发展，父母需要注意的是选择容易清洗的玩具，保持卫生就好。假如孩子在口欲期得不到满足，其将来的心理发育会出现偏离，可能导致孩子有不良嗜好。通常情况下，孩子在8个月时吃手的频率达到高峰期，随着孩子能力的发展，吃手会逐渐开始减少，在2岁后慢慢消退。

孩子在1岁之内吃手有很多好处：婴幼儿通过口腔来探知世界，假如父母阻止孩子吃手，孩子的心理发育会受到很大的影响，长大后容易自卑、多疑和胆小；对孩子来说，吃手可以消除不安、烦躁、紧张的情绪，从吃手中获得某种快感，即便妈妈不在身边，也能通过吃手获得安慰；孩子吃手可以加强触觉、嗅觉和味觉刺激，促进神经功能发展，这是孩子能力发展的一种信号；吸吮是每个孩子成长过程中的正常现象，可以锻炼孩子手部的灵活性和手眼的协调性。

孩子在1岁内吃手，父母可以这样做：

1.营造良好的环境

父母一旦发现孩子开始吃手，就需要多关注孩子身边的物品，如玩具应该定期消毒，保持良好的卫生习惯，努力营造良好的利于孩子成长及游戏的环境。

2.让孩子感受吸吮的快乐

孩子出生后，妈妈要尽量用母乳喂养，让他充分感受吸吮的快乐。即便想要断奶，也需要及时增加辅食和配方奶粉，慢慢过渡，让孩子有一个适应过程，不要突然断奶，让孩子感到焦虑和没有安全感。

3.用其他吃的东西代替

如果孩子吃手养成了习惯，一时之间改变不了，那父母可以在孩子想要吃手时拿糖果和饼干给他，让孩子慢慢戒掉吃手的习惯。

4.让孩子做其他事情

当孩子有了吃手的习惯，父母可以让他做其他事情来转移注意力，如带孩子玩耍，这些都是让孩子戒掉吃手的好方法，多给孩子一些关爱和照顾，孩子很快就会忘记吃手的习惯。

5.多给孩子一些抓握玩具

在孩子口欲期，父母要有意识地给他选择一些有吸引力且便于抓握的玩具。最开始用这些玩具触碰孩子的手，让孩子感受不同玩具、不同质地。

6.多花时间陪伴孩子

孩子幼小时，父母要多花时间陪伴，仔细辨别孩子的各种要求，满足他的各种需要，有条件的父母可以多给孩子抚触按摩，睡前给孩子讲有趣的故事，或者读儿歌，让孩子愉快地入睡，感到幸福、满足。

小贴士

一般来说，孩子到了2岁以后，吃手的习惯会慢慢消失。不过，如果孩子4岁了还在吃手，那就可能存在身体上或心理上的问题，如缺锌、铁等微量元素，或者是一种心理问题的外在表现。这一阶段孩子吃手可能会引起下颌发育不良、牙齿排列异常、上下牙对合不齐等问题，父母要及时纠正。

这时，父母应该怎么做呢？

1.转移孩子的注意力

当孩子忍不住吃手时，父母应该坚定地对孩子说："不行。"同时多让孩子接触大自然，转移孩子的注意力。当孩子慢慢减少吃手习惯时，父母要及时鼓励和表扬。可以告诉孩子，假如改掉吃手的习惯，就会获得奖励。

2.养成良好的卫生习惯

父母引导孩子养成良好的卫生习惯，避免让孩子以吸吮手来寻找乐趣，同时告诉孩子，吃手是不卫生的，会引起手肿胀、疼痛，而且容易把细菌带入口腔，引起一些传染类的疾病。

3.满足孩子的心理需求

有时孩子喜欢吃手是因为需求没有得到满足，父母除了满足他的生理需要，还应该满足他的心理需求，如多带孩子出去玩，让孩子生活充实，这会让他逐渐忘记吃手的习惯，保持积极的生活情绪。

4.孩子为什么喜欢吃手

如果孩子养成了吃手的不良习惯，父母需要搞清楚他为什么喜欢吃手。若是由于喂养方式不当，那就改变错误的喂养方式，培养孩子有规律的进食习惯，做到定时定量。

5.保持耐心

让孩子改掉吃手的习惯，需要父母付出很大的耐心，不要嘲笑，也不要打骂或训斥孩子。因为这样做是毫无作用的，反而会让孩子感到痛苦、压抑、情绪紧张，甚至会产生自卑等情况。

孩子一言不合就咬人

根据国内的一项研究显示，有半数孩子在幼儿园会出现不同程度的咬人行为。许多父母表示，孩子在1岁多时忽然喜欢咬人，总是把别的小朋友咬哭，这该怎么办呢？孩子一言不合就咬人，尽管并不是什么大毛病，但父母却感到非常无奈。想要改掉孩子咬人的习惯并不困难，但父母需要了解孩子为什么喜欢咬人。

茜茜到了上幼儿园的年龄了，妈妈却有些担忧，因为茜茜最近开始喜欢咬人，如果在幼儿园咬其他小朋友，该怎么办呢？

怀着忐忑不安的心情，妈妈把茜茜送到了幼儿园。没几天，果然接到了老师的电话，说茜茜在幼儿园把其他小朋友咬了。听到消息的妈妈惊慌得不知道该怎么办，急忙跟公司请假去学校当面给孩子的父母道歉，也让孩子道歉，那个被咬的孩子看到茜茜都感觉很害怕。妈妈感到很愧疚，自己的孩子给别人的孩子带来了负面情绪。回家之后，妈妈问茜茜为什么咬人，教育她再也不能这样子了，茜茜点头答应，但妈妈有点害怕送茜茜去幼儿园了。

孩子为什么会咬人呢？可能只是炫耀，原来自己会咬人。孩子在成长过程中，对身边的一切都充满了好奇心。一旦学会了其中一项本领，便会炫耀给身边的人看，包括咬人。可能只是纯粹觉得好玩，第一次咬了父母之后，看到父母嗷嗷大叫，孩子会感觉好玩，他们以为这是一种好玩的游戏；也可能是通过咬人宣泄情绪，孩子一旦遇到着急的事情，就会用咬人、拍打等方式宣泄内心的愤怒；还可能是为了引起父母的注意，当孩子的情绪得不到回应时，就会以咬人、打人等行为，引起父母的注意。

小贴士

1.允许孩子发脾气

每个人都有脾气，孩子也不例外，只是表达的方式不一样而已。孩子突然喜欢咬人，肯定是有原因的。年幼的孩子比较敏感，很容易就觉得别人冒犯了自己，如玩耍中不高兴、抢玩具、需求得不到满足、肢体冲突等都会咬人或打人。如果是这种情况，父母平时就要允许孩子发脾气，情绪得到正常宣泄之后，他自然会改掉咬人或打人的习惯。

2.及时制止和教育

一旦发现孩子有咬人的习惯，父母要及时制止和教育，孩子的行为得到改善，父母就不必太过担心。但假如孩子变得容易发脾气，常常攻击他人，父母就要及时制止和教育，避免将偶尔的现象变成日常的习惯。

3.告诉孩子咬人行为对他人造成的伤害

孩子一旦咬到父母或其他孩子时，父母首先要用适合孩子年龄的语言，告诉他这个行为对别人造成的伤害、痛苦以及后果，等到孩子情绪稳定后教他当面道歉或跟小朋友拥抱和好，并告诫孩子再也不能这样了。

孩子喜欢撕毁东西

3~5岁的孩子开始接触外界的一切，对于自己遇到的东西，他都会用手摸一摸、尝一尝、闻一闻，偶尔也会把东西摔坏，来看看它会有什么样的反应。假如孩子正处于这样一个阶段，那可以把家里贵重的东西放到安全的地方，给孩子一些安全的家用物品，或是买些耐摔的玩具。父母可以慢慢引导孩子什么东西可以碰、什么东西不可以碰。

实际上，对于喜欢搞破坏的孩子而言，他们的心理是复杂的，有很多种类型，父母需要耐心、有心地去发现，而不能"一棍子打死"，更不能轻易地以打骂来应对孩子的破坏。

孩子4岁多了，最近总是喜欢将别人的东西毁坏。前一天将爸爸放在桌子上的书稿全部涂鸦了。昨天又将他小哥哥的作业给撕了，搞得小哥哥大哭，他却表现出一副无辜的样子。

今天我回到家看见小机器人的零件散落在客厅里，桌上的电话机被拔掉了线，台灯罩也掉在了地上……不用说，这又是孩子干的好事。虽然他才4岁，不过已经越来越让我不知道如何是好了。平时孩子可一点也不笨，他说话早，走路早，动手也早，不过他的动手能力也太强了，只要是被他玩过的东西就有被"肢解"的厄运。我该怎么办呢？

孩子的这种情形就是心理学家所说的儿童破坏行为，父母大可不必紧张。心理学家认为，把自己感兴趣的东西拆开，是孩子学习探索的一种表现。他们不是故意去破坏一个东西，而是因为对这个东西感兴趣，想看看里面到底有什么。例如，有的孩子喜欢把玩具车拆开，去看看车子为什么会动，里面到底有什么东西。这时孩子是沉浸在自己喜欢的事物里面，并努力通过自己的双手寻找答案。

有的孩子会以摔东西来表示"我生气了"，他们在发脾气时希望得到关爱，因为他们需要确认"我还是爸爸妈妈的宝贝"。孩子对现实中的事情都有自己的底线，若是让他承受过多的拒绝，对他而言是极其困难的。于是，发脾气、摔东西成为他们表达失望的方式，在这样的情况下，父母需要保持冷静。

而有的孩子摔了东西，不过是好心办坏了事。孩子的出发点是好的，只是由于经验不足或能力有限，结果事与愿违。如有的孩子见金鱼缸结了薄冰，怕金鱼冻死，就把金鱼捞起来包在手帕里，结果金鱼反而死了。若是这样的情况，父母要肯定孩子的想法是好的，接着告诉孩子失败的原因，自己不懂的事情要先请教父母，自己力不能及的长大了再去做。

小贴士

1. 保持宽容心态

父母首先要对孩子有宽容的心态，因为破坏的过程就是孩子学习的过程。不要严厉批评孩子，也千万不要说"不许再把玩具拆了，不然明天不给你买新玩具了"等警告和威胁的话，有时候父母的批评和威胁很可能会扼杀孩子可贵的探索精神。

2. 参与到"破坏"活动中来

父母应尽量地鼓励且参与到孩子"破坏"的过程中，这是一个手、眼都在活动的过程，可以促进他们思维的发展。鼓励孩子适当地进行"破坏"，就是鼓励孩子的创造力，以及对更多事物的探索兴趣。当父母看到孩子把玩具拆了，应蹲下来参与到孩子的活动中，"这里面是什么呢？怎么会动呢？"……引导、帮助孩子寻找结果，然后再跟孩子一起把拆开的玩具恢复原样。

3. 引导孩子思考

在日常生活中，父母要多提一些问题让孩子去猜、去想，如闹钟为什么会响呢？为什么会嘀嘀嗒嗒的呢？假如把闹钟的针取掉了，那它还会走吗？还会响吗？父母需要做的就是问题提出后，主动带领孩子从"破坏"中寻找答案。

4. 让孩子当修理工

假如孩子好奇地想知道各种现象发生的原因，总想搞清楚不停转动的闹钟里面装了什么，电视里是否真的有个会说话的小孩子。那当爸爸在修理家中这些东西的时候，不妨让孩子观摩，必要时也可参与到其中。爸爸可以当着孩子的面拆卸家中废弃的东西，没有危险性的动手部分则让孩子来进行。

5.让孩子自己收拾残局

假如孩子是无心的过失，那父母可以在他力所能及的范围内让他对自己的行为负责。例如杯子打翻了，就让孩子用抹布去擦干桌子；玻璃瓶打破了，就让他帮忙拿来扫帚和簸箕。不要乱加责备，毕竟孩子不是故意的。

6.与孩子多交流

孩子通常会有无穷的精力，其善于"破坏"的背后很可能隐藏着一颗渴望探索的心。父母应该为其提供一个良好的活动空间，尤其是那些独生子女，让孩子多和邻居的同伴玩耍，休息时多参加集体活动。父母要经常与孩子沟通，了解孩子最近有什么烦恼，或有什么需要。

孩子喜欢打人

当孩子开始有了自我意识，知道了自己小拳头的厉害，于是就开始了打人这种攻击性行为。其实，人生来就具有一种内在的攻击倾向，如孩子生气、情绪发作时会扔玩具；想吃东西了，妈妈要是动作稍慢，孩子就会一把推开妈妈的手。

孩子的攻击性是常见现象，在成长的特定发展阶段，有打人行为是可以理解的，只要父母恰当应对，打人行为就会消失。而且随着生理、心理的发展，如果父母正确引导，孩子的攻击倾向能够转化为忍耐、坚毅等积极的品质。不过，有些孩子的打人行为，会影响他们的正常社交，甚至无法继续上学，这就是问题了。

瑞瑞5岁了，上幼儿园中班，妈妈发现她最近脾气很大，只要不高兴或者自己的要求没有被满足，就动手打人。老师常常跟妈妈反映，瑞瑞在幼儿园行为比较随意，大家正上着活动课，结果她就可以任性地去推一下前面的小朋友。到了下课，便会跟小朋友抢玩具，只要是她喜欢的玩具，就一定要抢过来。如果对方力气比较大，她就趁对方不注意打人或咬人。放学回家后，妈妈若问起来："你为什么要打别的小朋友呢？"她总会满脸不在乎地回答说："我就是要打他。"妈妈听了哭笑不得。平时孩子跟大人一起时也喜欢动手打人，妈妈当场批评了她，她也听得懂，也承认错误。不过，过不了多久就忘记了。

看见孩子喜欢打人，妈妈感到十分苦恼。

孩子喜欢打人，实际上是用这种攻击性行为来表达自己的愿望或感情，有些父母认为孩子小不懂事，长大了自然会改正。其实这样的看法是有偏差的，需要正确对待孩子的攻击性行为，正确引导，才能让孩子自然改掉这个坏习惯。

孩子为什么喜欢打人？

1.一种模仿行为

孩子的一些行为来自对身边环境的模仿和学习，如父母经常打孩子，电视里的各种暴力行为，这些都会成为孩子学习或模仿的对象。

2.达到某个目的

孩子可能会通过攻击行为达到某个目的，如抢到玩具，发泄情绪。孩子知道通过攻击会达到自己的目的，所以通过打人让其他孩子听从自己，赢得更多小朋友的跟从。如果孩子常常使用攻击行为，时间长了就会形成一个坏习惯。

3.情绪发泄

孩子喜欢打人有可能是对挫折的发泄，当孩子做某件事情遭遇失败的时候，他很生气但无处发泄，便会通过打人、抢东西来平衡自己的心情。

4.吸引人的注意力

孩子的攻击行为也是吸引他人注意力的一种方式,有的孩子之所以喜欢打人,那是因为他在平时生活中不会得到老师、同学,甚至父母的关心和注意。但是他需要这种受关注的感觉,所以通过打人来吸引人的注意力。

5.争强好斗的性格

有的孩子喜欢打人,可能是性格中有争强好斗的一面,当然这是比较少见的情况。大部分孩子喜欢打人其实跟其年龄以及认知水平有很大的关系。对攻击性强的孩子,父母需要特别注意,因为这种性格需要正确引导,才能让孩子逐渐改掉喜欢打人的坏习惯。

小贴士

1.了解孩子打人的原因

父母应该了解孩子在什么样的情况下、为什么会产生攻击行为,然后否定其攻击性。例如孩子喜欢抢其他小朋友的玩具,那父母就应该要求孩子把玩具归还给小朋友,并告诉孩子打人是错误的,以此降低孩子攻击行为的内在动机。

2.冷静对待孩子的打人行为

当孩子出现打人行为时,父母需要冷静。假如孩子一打人,父母就表现得紧张,对孩子的什么要求都答应,那孩子就会认为打人是有用的,这样只会助长孩子的打人行为。而有的父母表现太过激动,也会给孩子留下深刻的印记。

3.温和而坚定地引导孩子

当孩子打人的时候,父母应该有正确的态度,温和而坚定地引导孩子:打人是不对的,是不允许的。温和地告诉孩子这些道理,反复具体地讲，孩子就会知道打人是不对的，就会慢慢控制想要打人的心理。

4.引导孩子养成良好的行为方式

父母可以以身作则，与长辈、邻居、朋友保持友好的关系，告诉孩子人生来应该属于群体，而群体需要协作而不是敌意。例如，要想让其他小朋友喜欢自己，就应该友好、团结，这样才能赢得小朋友的青睐。

5.别让孩子从攻击行为中获得好处

其实，孩子并不是故意通过打人来抢东西，只是一种本能的自卫或是生理特征。一旦孩子从攻击行为中获得利益，如得到自己想要的玩具，那他就可能把打人和获得玩具联系起来，也就越来越喜欢用攻击行为来与其他小朋友交流。

6.提高孩子的自信

父母应该让孩子知道一件事除了打人，还有其他的表达方式，或者好好说话，或者用良好的行为，就可以解决了。一旦孩子懂得这些道理，自然就不会再选择用攻击行为去交流。在这个过程中，让孩子慢慢成长，一旦发现孩子细微的进步，就应及时表扬，让孩子感受到爱，从而强大内心。

孩子喜欢抢东西

父母会发现，孩子在某个阶段会喜欢抢别人的东西，他们总觉得别人手里的东西是好的，不但抢父母手里的东西，有时候还喜欢抢其他孩子手里的不属于自己的东西。如当孩子正在玩一个玩具时，他玩够了就会扔掉，然后又拿起第二个玩具玩。这时父母把之前那个玩具捡起来，孩子看到了便会扔掉第二个玩具，又开始抢父母手里的玩具。如此反反复复，对孩子来说，好像只有别人手里的才是好的。

有一次，妈妈带着楠楠一起去朋友家里，正好朋友家的孩子跟楠楠年纪相仿。大人们愉快地聊天，两个小朋友一起玩得很开心。但是，没过多久，妈妈就听到了楠楠的哭声，两个大人走过去看个究竟，原来楠楠喜欢上了朋友孩子的飞机模具，非要抢过来玩，抢不过就哭了起来。朋友上前批评了几句自己孩子，拿过玩具递给楠楠，楠楠不哭了，不过朋友的孩子却哭了起来。最后，还是妈妈承诺给楠楠买一模一样的玩具才罢休。

其实，平时妈妈也发现楠楠喜欢抢东西这一特点。有时候他去小区里玩，虽然自己手里也拿着刚买的玩具枪，但看到别人手上有更新款的玩具，楠楠便会直接冲过去抢。妈妈觉得，在楠楠看来好像东西都是别人的好。

父母看到孩子喜欢抢东西，会不自觉地认为孩子比较自私，长大后也会成为自私自利的人。但事实上，孩子的自我意识开始萌芽，就会表现得以自我为中心。他们认为自己的东西是自己的，别人的东西也是自己的，所以看到喜欢的就会拿走，看到感兴趣的会霸占为己有。孩子因自我意识而抢东西，这是没有任何恶意的，是一种很正常的行为。

孩子喜欢抢别人的东西，大概是出于以下几种原因：

感觉比较新鲜。毕竟孩子缺乏一些认知能力，看到别人手里的东西，心里觉得新鲜又好玩，从而忍不住想要抢过来。他们内心并没有想要抢别人的东西，只是因为很喜欢，所以行为方面比较过激。

感到十分好奇。孩子对很多事情都是一无所知的，他们总想认识周围新鲜的事物。在很多新鲜事物的引诱下，孩子们的好奇心渐渐被激发出来了。别人手里的东西，如果只能远远看着，完全不能满足内心的好奇。所以，为了仔细看一下，他们便会忍不住想要拿来自己研究一下。但孩子并不懂得如何与对方商量，让对方把东西拿给自己，所以他们索性就开始抢了。

强烈的占有欲。孩子的自我意识渐渐萌发，容易以自我为中心，认为一切东西都是自己的，他们完全没有意识到自己和别人是有区别的。出于自我意识的萌发，他们对很多东西想拿就拿，完全没有顾忌。

小贴士

1.引导孩子认识归属者

父母需要有意识地帮孩子建立所有权的观念，如当孩子想要别人手里的玩具，父母可以强调："这个玩具是东东的，你只能玩一下，不能带走，你玩一会儿要还给东东，你的玩具在家里呢。"这些话可以让孩子认识到东西的归属感，有所有权的概念。

2.告诉孩子如何与人沟通

看到孩子喜欢抢别人的东西，父母一般会直接制止："怎么能抢别人的东西呢？这是不好的行为。"其实，这样的话对孩子而言，他们并不太能接受。最好的引导是告诉孩子应该怎么做，如"如果你喜欢他手里的东西，应该先问一下他愿不愿意把东西借给你玩一下，或者你有好的东西跟他交换着玩"，让孩子知道如何与人友好协商，而不是直接抢东西。

3.及时肯定孩子好的行为

当孩子尝试着去与人商量，父母需要及时肯定这样的行为。当孩子不是直接抢东西，而是友好地协商"我可以玩一下你的玩具吗""我有一个玩具，不如我们交换玩一下，你愿意吗"，父母需要及时肯定孩子这样的行为，他们才会意识到这样做是正确的。

4.让孩子学会分享

孩子通常不愿意把自己的玩具拿给别人玩，这是很正常的心理。所以，当其他小朋友想玩他的某个东西时，父母不应该强制要求他谦让给别人，而应让孩子学会分享，引导他愿意和别的小朋友玩，如"你把这个玩具借给他玩一下，以后他有了新玩具也会借给你玩的，这样你们就各自有两个玩具玩了"。

5.别为了满足其他孩子而让自己孩子委屈

当孩子的东西被抢时，父母不要强行把东西从自己孩子手里抢过来满足其他孩子。因为这样时间长了，孩子就会形成思维定式，导致自己变得越来越懦弱，慢慢就会形成优柔寡断、不敢反抗、不会拒绝的性格。这时父母应该好好保护孩子，让孩子感受到爱的呵护。

6.让孩子学会换位思考

当孩子玩得正高兴时，突然抢走他手里的东西，然后问他"你的东西被抢了会难过吗"，孩子的回答是肯定的。那么，再告诉孩子，如果他抢走了别人的东西，别人也会感到很难过。当孩子感受到被抢的负面情绪之后，他就会真正地学会换位思考，为他人着想。

7.最好的教育在第一次

当发现孩子第一次抢别人的东西时，父母就应该及时教育，这样可以快速有效地将孩子不良的行为纠正过来，同时可以防止孩子在多次重复这种行为之后，养成根深蒂固的坏习惯。

让孩子动脑又动手

在日常生活中，孩子看见父母做家务，常常会产生一种新奇感，并喜欢模仿父母的行为：如果父母包饺子和面，孩子也会伸手揪一块面团玩；父母洗衣服，孩子也会在旁边玩肥皂泡泡。其实，孩子这样积极模仿就是动手动脑的行为，父母应该正确对待孩子这样的心理需求，千万不要认为这是孩子的"破坏"行为。有的父母认为孩子还小，不适合干一些家务活儿，或者认为孩子笨手笨脚，不让孩子添乱。若孩子不顾父母的反对偷偷跟着学，还会惹来父母的训斥。其实，父母这样的做法会大大地挫伤孩子自主学习和动手的积极性。相反，父母应该有意识地培养孩子动手动脑的能力，让孩子全面发展。

妈妈在宝宝上了小学之后，就会有意识地培养他动手动脑的能力。妈妈每次洗衣服，就把一些袜子、小手绢这样的简单衣物泡在小盆里，让孩子自己动手洗。刚开始，孩子学着妈妈搓袜子，小手泡得红红的，可是，一会儿他就跑走了，妈妈也不强迫孩子继续干下去。后来，孩子在妈妈的影响下干起了家务活儿，特别是上了二年级以后，他还会帮着妈妈做一些简单的事情，如叠衣服、抹地、买东西、洗袜子、刷碗等。

上个星期，妈妈出差去了，她走的时候忘记把挂在阳台上的衣服收进去了。那天刮大风，孩子帮妈妈收完了衣服，把散乱的衣服放在了床上，可是，这样乱糟糟的，妈妈回来看见肯定会生气。孩子就一件一件地叠好了衣服，接着平常妈妈放衣服的顺序，把衣服放进了衣柜里。这时候，还剩下一些袜子，他发现衣柜下面的一个小抽屉是空的，他把衣柜里的袜子都清理出来放进了空抽屉里，这样衣柜看起来就整齐多了。妈妈出差后回来看见孩子的杰作，忍不住拍手叫好。

平时家里比较忙的时候，妈妈也会吩咐孩子到楼下去买东西，有时候是买点面条，有时候是买点盐、味精什么的。孩子会带着妈妈给的钱，飞奔下去，一会儿就上来了，连爸爸也笑着说孩子长大了自己也轻松了不少，以前这样的事情都是自己干的。妈妈觉得，动手可能比动脑更重要，因为动手可以引发孩子思考。

心理学家认为，人的一举一动都受大脑的支配，而人又是通过各种实践活动，使相应的脑细胞得到锻炼，促使人的聪明才智的发展。教育家陶行知先生也说："人生两只宝，双手和大脑。"由此可见，动手和动脑是互相促进的，在动手中激发大脑积极思考，在思考中也会不由自主地动手。如果孩子的思维逻辑比较好，孩子的双手就会很灵巧，孩子的感知、记忆、思维具有明显的、具体形象性的特征，他们通过自身积极、主动的探索和直接动手操作，不断扩大自己的知识和经验，不断提高自己的认知能力。

苏联教育家苏霍姆林斯基说："儿童智慧在他们手指上。"事实证明，手脑并用的训练就是发展思维的良好方法，动手是可以促进孩子智力发展的实践活动。那些喜欢动手的孩子在智力上表现得更加聪慧。

小贴士

1.培养孩子动手动脑的能力

父母从小就要培养孩子动手动脑的能力，让孩子干一些洗碗、拖地这样简单的家务活儿。在这一过程中，父母要及时表扬鼓励孩子，当孩子遇到困难时，父母要给予引导和帮助，告诉孩子解决困难的技巧和方法，培养孩子动手动脑的能力。

在日常生活中，不论孩子碰到什么问题，父母都不能全权包办代替，而是教孩子学会自己动脑筋，自己动手解决问题。有的孩子总是无限制地要求购买玩具，但他却没有考虑到父母的购买能力，这时候父母可以引导孩子自制玩具，一起动手把被破坏的玩具拼起来，或者另外制作一些玩具，让孩子学会动脑设计、动手制作，继而开发孩子的智力。

2.引导孩子做手工

孩子还小的时候，父母可以引导孩子做简单的手工，如折纸、拿剪刀等。随着年龄增大,孩子就可以利用剪刀和纸剪出复杂美丽的图案了。现在越来越流行"DIY",父母也可以引导孩子把那些旧衣服当作材料,自己设计,自己DIY,培养动手动脑的能力。

3.从游戏中培养孩子的动手能力

现在有许多益智类游戏都需要孩子既动手又动脑,聪明的父母可以顺应孩子喜欢动手的习惯:买来蜡笔教他学画画,找一些闲置的小瓶、小盒让他配盖,为他购买积木和自制拼图、橡皮泥、七巧板等玩具,使他动手又动脑。这样,孩子在动手的同时还学会了技巧和专心解决问题的能力。

第04章
语言敏感期，注重孩子的表达能力

当孩子开始注意大人说话的嘴形，牙牙学语时，就开始进入语言敏感期。由于孩子具有自然赋予的语言敏感力，所以在这一阶段孩子会出现一些自言自语、喜欢说大话等成长特点，父母要多引导，注重孩子的语言表达能力。

孩子喜欢自言自语

这一阶段的孩子喜欢自言自语，偶尔还喜欢流眼泪，甚至在很多时候并不当着父母的面，他们好像总是心事重重。在平时生活中，这样的孩子往往感情细腻、复杂，经常想得很多，顾虑也很多。由于孩子都是家里的宝贝，父母或多或少对孩子都有迁就，特别是老人，为孩子包办得过多，所以造就了孩子强烈的自我意识和依赖思想，似乎受不了一点委屈，凡事总为自己考虑，稍微有一点不如意就开始哭，开始发脾气。

圆圆马上就7岁了，他胆子一向很小，在学校几乎不敢和老师讲话，更不用说上课主动举手发言了。在商店，也不敢和商店的阿姨要礼物，尽管看到其他小朋友兴高采烈地炫耀他们的礼物，他也害怕上前去。

前天，我们家养的鱼儿死了，他大哭了一场，然后一个人在那里自言自语地唠叨："我们养的鱼儿死了，养的小鸟飞走了，养的花枯萎了，养的小鸡跑了，养的小孩子顽皮极了。"我实在想不通，为什么这么小的孩子会有如此多的悲观情绪。前两天鱼儿生病了，圆圆还说："我代替鱼儿生病好了，假如鱼儿死了我也不活了。"作为妈妈，我很担心他这种心态，对这样的孩子我们该怎样引导呢？

当然，孩子的性格和家庭的教育环境有很大的关系，假如父母多愁善感，孩子肯定一样；假如父母开朗大方，孩子也会很阳光，所以父母尽可能不要在孩子面前吵架，为孩子营造一个良好的家庭环境。

此外，父母遇到事情需要往好的方面想，乐观一点，否则孩子也会耳濡目染，最后建议父亲多陪孩子。毕竟，和父亲在一起，孩子会更加坚强、更加勇敢，尽管这些母亲也会影响孩子，不过也不如父亲的榜样作用，所以父亲应该多陪陪孩子。

小贴士

1.转移注意力

对于家中发生的一些事情，如小鸡死了、养的花枯萎了、养的小松鼠跑了等，很有可能父母在孩子面前表示出惋惜、难过，孩子也会受到影响。孩子有了这种情绪是痛苦的，不过，仅仅凭语言解释和安慰是不够的，比较好的办法就是转移注意力，如带孩子去逛逛超市，买点零食回家吃；到书店逛逛，买几本书回家看看；到玩具店买几样玩具回家玩玩，缓解痛苦的情绪。过段时间，孩子的情绪就会好转了。

2.营造轻松、欢乐的家庭环境和氛围

平时，父母要注意营造轻松、欢乐的家庭环境和氛围，孩子从小就要有一个良好的生活环境。例如父母经常说说笑话，说些有趣的事情，对于一些悲伤的事情，父母最好不要在多愁善感的孩子面前表现得过于惋惜、难过，避免孩子受到影响。当孩子表现出多愁善感时，父母最好的方法是转移其注意力，缓解孩子的痛苦情绪。

3.多关心孩子的优点

通常那些多愁善感的孩子会担心被别人否定，因此，父母要多关心孩子的优点，并常常以欣赏的语气鼓励他，孩子得到了肯定，就会增强自信心，其性格也会变得开朗起来。在平时生活中，父母需要细心观察孩子的喜好，努力挖掘孩子的潜能，然后创造条件让孩子有展示、表现自己的机会，一旦孩子获得了成功的体验，内心就会强大起来。

4.让孩子明白哭是没用的

当孩子由于多愁善感而掉眼泪时，父母要让孩子知道哭是没有用的，解决不了任何问题，即便哭得昏天黑地也不能改变事情的结果。告诉孩子，正确的做法是把眼泪擦掉，勇敢面对，坚强地迎接新的生活。

5.尽可能与孩子多商量

如果希望多愁善感的孩子变得坚强，父母不要总按照自己的意愿来塑造孩子，让孩子言听计从。有任何事情都要尽可能与孩子商量，特别是孩子自己的事情，父母一定要尊重孩子的想法，多听取孩子的建议。

6.不要总是指责孩子

多愁善感的孩子大多缺乏自信心，父母不要总是指责孩子，这样的教育方式是不妥当的。因此，当孩子不会做某件事时，父母要向孩子解释和示范如何做才是正确的，孩子会做了，父母就会少一份担心，多一份乐观，而孩子也敢于积极地去做。

7.语气平和地安慰孩子

多愁善感的孩子往往感情细腻、复杂，经常想得太多，而且顾虑太多。当孩子多愁善感时，父母首先要语气平和地安慰孩子，向孩子表示自己的感受和他是一致的，与孩子产生感情上的共鸣，让孩子意识到父母会和自己分担忧伤。当然，父母可以利用时机，以孩子伤感的事物做媒介，理智、科学地对他进行教育，这样有利于孩子学会较为冷静、恰当地面对人生的挫折和不幸。

培养孩子的创新意识

孩子的大脑通常是灵活的,对外界新鲜事物往往怀有浓厚的兴趣,有时候,他们会以好奇的心态向父母提问,这些问题正是孩子了解这个世界、培养创新能力的重要途径,父母千万不要对孩子的问题置之不理,或者是随便应付一下,这样会让孩子失去热情,创新能力也会随之消失。另外,创新并没有我们想象的那么神奇,也没有我们想象的那么困难。我们日常生活中的点点滴滴也能体现出创新,创新就在我们身边。

爷爷很喜欢养花,偶尔他还会给我家捎带几盆好看的花,放在阳台上,并嘱咐家里的孩子按时给花儿浇水。几盆花儿在孩子的精心照顾下长得枝繁叶茂,春天还开出了漂亮的花朵。有一天,孩子突发奇想地剪下了几枝月季花和太阳花,悄悄地把它们埋到了泥土中,还煞有介事地为它们浇水。过了几天,孩子看到月季花都枯萎了,但是太阳花却开花了,还从泥土中冒出了几个新芽。孩子很纳闷,因为两种花都是按照同样的方法种的,可却是不同的结果。

据一份研究资料显示:外国中学生平时看上去学习不大用功,但却能时常提出一些独特的创新见解;而我国中学生平时学习刻苦,成绩也不错,遇到问题时却墨守成规,缺乏创新和突破。这的现象值得每一对父母警觉和重视,不要再让孩子被动地学习,当他们的思想僵化,就毫无创造力可言了。因此,作为父母应该鼓励孩子的创造性,教会孩子打破常规,突破创新,当孩子的智慧火花一闪现,就要加以保护。

其实,孩子的创新行为并不太复杂,体现在现实生活中甚至可以是很简单的方法。例如,一种游戏,孩子想出了一种新的玩法;一道数学题,孩子想出了新的解题方法;面对新现象提出的创新问题;等等,这些都是孩子打破常规的创新行为。培养孩子创新意识的方法是多样化的,关键是要父母扮演好领航者，鼓励孩子坚持到底。

小贴士

1. 保护孩子的好奇心

面对生活中的种种现象，孩子往往会提出各种各样的问题，有些甚至听起来十分荒谬，其实，这就是孩子好奇心使然，父母要保护孩子的好奇心，鼓励孩子多质疑，多提问。当孩子不断地问"为什么"时，父母不要马上就把答案告诉他，而是给他留一定的思考时间，让孩子说出自己的想法，激发孩子的探索精神，这就开始培养孩子的创新意识了。

2. 激励孩子的创新意识

有父母问孩子，雪融化了变成了什么？孩子眨着灵动的大眼睛回答，变成了春天。这个孩子的回答就充满了智慧。虽然，这是不符合常规的，但他的回答却是具有创新意识的。有时候，父母对于孩子的答案，不能以自己的思维方式或唯一的标准答案捆住孩子，要鼓励孩子打破思维定式的羁绊，在判断孩子答案的时候，要把是否具备创新意识放在第一位。只有这样不断地激励孩子的创新意识，才会让孩子的头脑中闪现出创造的火花。

3. 在日常生活中培养孩子的创新意识

创新思维的特点是灵活、变通，日常生活中，父母需要有意识地培养孩子这方面的创新意识。父母可以和孩子一起做家务，对一些简单的事情，可以问孩子"是否还有更好的方法"，鼓励孩子异想天开，培养孩子勇于探索、敢于创造的创新精神。当孩子在做一件简单的事情时，父母可以鼓励孩子多想几种方法，举一反三，然后得出最简单的方法，这样可以培养孩子思维的变通性和灵活性。

即便是在和孩子玩游戏的时候，父母也可以有意识地锻炼孩子的创新能力，让孩子敢于打破常规思维，进行一些创造性的活动。例如，父母与孩子一起折纸船，提醒孩子"怎么样让纸船在水里行得更远并且不会沉下去"，然后引导孩子变换纸船的折叠方法、更换纸张等，慢慢探索出可行性的方法。时间长了，孩子就会自觉地问"怎么去做会更好"，发现问题，解决问题，逐渐多一些创新精神。

孩子说脏话，要不要管

孩子为什么会喜欢说脏话呢？

心理学家认为，幼儿期是语言、动作快速发展的时期，而孩子的语言和动作主要是通过模仿获得的。孩子知识经验少，分辨是非、好坏的能力较差。当听到别人说脏话、看到电视里反面人物的奇怪模样时，他们并不理解那些脏话的意思，只是觉得新鲜、好玩，便会模仿起来。同时，父母是孩子最亲近的人，他们是孩子语言学习的第一任老师。假如父母不注意自己的言行举止，常常说脏话、喜欢骂人，那孩子肯定会受影响。

有的父母比较忙，没有时间和孩子一起游戏、聊天或给孩子讲故事，只是埋头做自己的事情。孩子觉得受到冷落，于是就会冲着父母做个"鬼脸"或说句脏话，目的就是引起父母的注意。这时父母如果放下手里的事情，来处理孩子的行为问题，孩子就会感到很满足，在他看来，父母能放下手里的和自己一起交谈，专门注意他的行为就让他感到满足。

有些则是父母过于敏感的态度，当孩子无意地说一句脏话或模仿反面角色的怪样时，假如父母大惊小怪，或觉得逗趣，哈哈大笑，然后在笑声中严厉制止。这会引起孩子的"有意注意"，出于探索，他们便会再次重复。假如父母生气，或付之无可奈何的一笑，便会给孩子莫大的鼓励，无意中强化了孩子讲脏话或做怪样的行为。

甜甜原来是一个很乖巧可爱的孩子，说话软萌软萌的，特别招人喜欢。不过，到了四五岁，她突然开始喜欢说脏话了，偶尔妈妈做事糊涂了，她就说："妈妈，你是笨蛋吗？"平时自己玩玩具，也会自言自语地说："蠢猪""去死吧"。妈妈感到很疑惑，这孩子在哪里学的呢？

有一次，甜甜跟弟弟一块儿玩积木，甜甜手脚麻利，三两下就搭了一座房子，结果弟弟什么也没搭成。甜甜指着弟弟，骂道："你是笨猪吗？这么简单都不会，我3岁就会了。"听到"笨猪"两个字，弟弟哭了，一边哭一边说："我不是笨猪。"在一旁纵观整个过程的妈妈惊呆了，孩子这些语言到底从哪里来的呢？

儿童语言教育中出现教育偏差与失误，是一个不和谐的因素，该如何解决？这让父母苦恼不已。孩子是在犯错误中长大的，这无疑是一句至理名言。不过关键问题在于，当面对孩子的错误或问题时，父母应该怎么办？毫无疑问，解决任何问题都需要弄清原因才好对症下药。

小贴士

面对孩子讲脏话，父母应该怎么办呢？

1.没有反应才是最好的反应

孩子第一次说脏话时，父母一定要控制自己想要大笑的冲动，否则孩子势必会把这当作正面的鼓励而重蹈覆辙。在几乎所有的情况下，孩子都是在试探：这是我听过的话，那人说时看起来比较激动，如果我说出来，父母会是什么样的反应呢？让父母发笑、生气或不安是孩子想拥有的一种强大力量。所以，听到孩子第一次说脏话，不要表现出自己的情绪，没有反应才是最好的反应。

2.用好玩的话代替脏话

假如孩子只是试试新词语，那父母可以说服他用另外一个令人激动的说法来代替。假如他是由于和许多成年人一样，没有合适的替代词来表达强烈的愤怒或沮丧才说脏话的，鼓励孩子大声说"我生气了""我很烦"也许有帮助。不过，假如孩子被警告了一两次之后还要说脏话，那就该好好管教了，父母要保持冷静，警告孩子："你说了那个词，必须受到惩罚。"

3.教孩子学会尊重

假如父母让孩子觉得给其他小朋友起孩子式的外号没有关系，那你就完全错了。脏话会让孩子在幼儿园、游乐园和朋友家里陷入麻烦，所以父母需要向孩子解释骂人会让人伤心，即便其他孩子都这么说，这样说也是不对的。骂人和让人伤心都是不可以的，尽管孩子可能还在学习体会别人的感情，或许不能每次都记得先考虑别人，但依然需要知道自己什么时候是在伤害别人，即便自己不是故意的。

4.提醒孩子不要说脏话

假如孩子总有一两句脏话不离口，那父母就需要说说他了，不过关键是态度平和，不要过于激动或愤怒。否则，每次父母生气，都等于在提醒孩子：他的本领有多大，能让你快速注意他。当孩子说一些不好的词或脏话时，父母可用平静且平淡的口气清楚地告诉他，这些话是不允许说的。

5.小小的惩罚

假如孩子是因为想要什么东西而讲脏话，一定不要让孩子得到他想要的东西。即便你指明"说那样的话很不好"，也不能把他想要的东西给他。

6.父母要注意自身的言行

假如你的孩子每天都听到脏话，就很难相信那些话是不能说的，他也会很奇怪为什么规则只针对自己而不针对父母。父母要把孩子想成一块海绵，他会吸收自己从周围听到和看到的，并渴望和其他人分享自己所学到的东西，不论那是好的还是坏的。

小小语言家，孩子是一个话痨

从孩子出生开始，父母就为了孩子的衣食住行操心，盼着孩子学会走路、学会说话。然而，孩子到了两三岁，不仅学会了说话，而且变得很喜欢说话，简直就是一活脱脱的话痨。每天叽叽喳喳说个不停，只要身边有人，他们就一边玩一边习惯性地无意识地在那里说个不停。儿童教育学家蒙台梭利把孩子的2岁称为"词汇爆炸期"，2岁前的孩子会经历一个词汇量的激增期，2岁之后运用句子的能力快速增强，并且可以把一些新学的词有序地进行排列。所以，孩子喜欢说话，而且会冒出很多有意思的句子来。

倩倩正在上幼儿园，几乎每天妈妈都会接到老师的电话："你家孩子太爱说话了，不仅自己上课思想不集中，影响老师上课，还会影响别的孩子听课。"对此，妈妈也感到很无奈，孩子3岁之后，就特别爱讲话，每天都说个不停，如果跟她待上一整天，那耳朵都会"嗡嗡作响"。

例如当妈妈带着倩倩出去逛街的时候，倩倩会紧张地说："妈妈，我们快回去吧，一会儿光头强把我们小区的树都砍光了。"弄得妈妈哭笑不得，当妈妈叫倩倩爸的名字时，倩倩又说："妈妈，你不应该叫名字，应该叫老公。"全家人一起爬山时，她就开始碎碎念："以后外婆老了，我要挣很多钱，给她买运动鞋，带她来爬山，还有……"

3岁的孩子因为接触和掌握了大量的词汇，对语言表达有着浓厚的兴趣。孩子会用语言来帮助自己了解这个神奇的世界，然后参与身边发生的事情，如问一些奇怪的问题，然后通过父母的帮助和引导去认识与了解。孩子开启话痨模式，实际上是孩子学习并积累新词汇的重要途径，而语言则会赋予孩子表达自己内心感受、需要和欲望的能力。有时候，父母嫌弃孩子的碎碎念，其实很多都是孩子不假思索的童真趣言。

小贴士

1.及时给予孩子回应

尽管孩子话多起来简直令人崩溃，但是父母还是不能忽视他的感受。可以找找孩子话痨的原因，是真的想说话吗？还是想表达自己内心的情绪？当弄清楚原因之后，需要尊重孩子的感受，并给予他正面的回应。如孩子总喜欢问为什么，那父母可以尽可能地满足他的好奇心："这个问题有点儿困难，我们一起去书里寻找答案吧。"

2.引导孩子提高语言表达能力

很多时候，孩子只是无意识地叽叽喳喳说话，这时父母不妨引导他提高自己的语言表达能力。例如教一些儿歌和绕口令，或者花时间给孩子讲故事。这样可以让孩子理解语言表达的内容，也可以加强孩子对语言作品的欣赏能力。如讲故事时，适时引导一下："白雪公主在森林里都看见了什么呀？"孩子会兴奋地讲一段自己想象的故事情节，来炫耀自己的语言表达能力。

3.阻止孩子重复提问

有时孩子会向父母诉说自己的需求，如"妈妈，我想再玩一会儿那个玩具，可以吗？"在得到妈妈的否定回答之后，孩子会一直重复。这时父母不要生气，重复回答也没有意义。不妨直接问孩子："一直问是不是想再玩一会儿,但是宝宝,我们要开始写字了,你一会儿再玩,好吧。"这样让孩子知道一直重复提问是没有意义的,因为父母的回答是很坚定的。

4.与孩子一起学知识

孩子经常会问:"为什么飞机在天上飞""为什么人会说话"……回答这些问题比较有难度,父母往往难以准确作答。这时不能随便敷衍回答,可以和孩子一起查书籍。假如父母比较忙,那可以告诉孩子"一会儿等爸爸忙完了,咱们一起查阅资料"。如果孩子问一些尴尬的问题,如"为什么爸爸亲妈妈,跟亲我不一样",对此类问题也不要逃避,可以来用价值观与知识相结合的方法对孩子进行这方面的教育。

5.让孩子讲话更有规矩

孩子是小话痨,可能不分场合、人物和地点乱说话。那么父母应该及时引导,如果孩子说话啰唆重复,那就经常让孩子讲故事;如果孩子喜欢插嘴,那要让孩子学会尊重别人的对话;同时,多让孩子理解别人的感受,说话时需要有一个很好的态度。

6.每天花时间倾听孩子在说什么

无论父母每天有多繁忙,都需要留出时间来跟孩子相处,认真倾听孩子在说些什么。关掉手机和电视,和孩子单独相处,看着他的眼睛,不管他说的事情有多平常,父母都要表现出浓厚的兴趣。如果父母有耐心倾听那些不那么重要的事,那等孩子进入青春期之后就会乐于跟父母分享那些重要的事情。

7.提升孩子自控力

如果孩子已经上了幼儿园,而且经常在课堂上讲话,那父母就需要积极引导,培养孩子的自控能力。例如问一下孩子,当他在上课时想跟同学讲话的时候,需要做些什么能让自己抑制住讲话的冲动。

8.别生气，多想想孩子的优点

孩子的喋喋不休或许会让工作一天的父母感到疲惫，但是父母别发脾气，多想想孩子的优点，应花时间倾听孩子的唠叨，毕竟这是孩子语言发展的关键时期，如果父母总是嫌弃孩子话多、黏人，那父母应该反思一下是否自己缺乏耐心。

孩子总喜欢问"为什么"

有的孩子喜欢思考，总喜欢向老师提各种问题；有的孩子心里即便知道老师说错了，也不会向老师说什么，更不会向老师提出来。前者是思考型孩子，后者是情感型孩子。思考型孩子崇尚逻辑、公平和公正，喜欢客观地分析问题，自然地发现缺点，有吹毛求疵的倾向。有时甚至被看作无情、麻木、漠不关心，他们认为只有合乎逻辑的事情才是正确的。不同倾向的孩子体现的行为方式是大不一样的，思考型的孩子按照原则办事，如下面案例中的儿子就比较明显，他拿了苹果就吃，是因为他觉得这个苹果是给他吃的就自己吃，为什么要给奶奶和妈妈吃呢？

儿子的许多行为总让我觉得不太对劲。如给他一个苹果，他拿了苹果就开始吃，而家里的妹妹总是拿了苹果要先看看奶奶，让奶奶咬一口，然后看看妈妈，让妈妈也咬一口，最后才开始自己吃。我就觉得儿子这样很自私，为什么不能分享自己的苹果呢？从小就这样，长大了说不定更自私呢。

而且，正在读三年级的他总是喜欢给老师提问题。本来提问题是一件好事，但儿子在提问时就好像是找老师的茬儿，让老师感觉很不舒服，我批评他时也总是要与之争吵并反抗。真不知道孩子是怎么了，小小年纪就有许多奇怪的思想。

在语言表达上，思考型孩子常常会说"为什么这样做？""为什么让我做？"语言是带有挑衅的。他们的提问看起来像是在找茬儿，不过，喜欢思考是他们的天生优势，父母需要做的就是努力去观察和发现孩子的优势，不断地强化孩子的优势，适时地弥补弱势，而不是批评、指责，更不能去泯灭孩子的天性。

心理学家认为，3~6岁的孩子已经拥有一定的生活常识与知识经验，他们不再单纯地依赖于成人的思考，而是表现出自主思维的意愿，他们常常会说："让我自己想想看。"同时，他们喜欢分享自己思维的成果，希望获得别人的认可，从而体验成果的需要。思考是孩子认识世界的根本途径之一，父母在平时生活中要注意培养孩子发现问题的能力，鼓励孩子提出问题，对那些不喜欢提问的孩子，应注意丰富他们的知识，引导他们观察事物，还可以向他们提出一些问题，启发他们去思考。对稍微大一些的孩子，父母应引导他们对自己看到、听到、感受到的事物进行分析、比较，找出事物的异同，并按照一些共同的本质去进行初步的概括、分类。例如在一些实物中，找出哪些东西是玩具、哪些东西是家具、哪些东西是用具等。

小贴士

那么，对于喜欢思考的孩子，父母该如何引导呢？

1.培养孩子喜欢思考的兴趣

兴趣是最好的老师，假如孩子对某件事情有着浓厚的兴趣，就会集中思想和注意力，他们会想方设法克服种种困难来达到自己的目的。即便孩子喜欢思考，但父母若不加以引导，孩子有一天也会对思考失去兴趣。父母是孩子的启蒙老师，对孩子的影响是比较大的。所以，父母要以自己的情绪和行为去感染与影响孩子,用自己对周围事物的态度和情趣去影响孩子,同时,父母应经常给孩子提一些问题,激发孩子求知的欲望,引导孩子积极思考、解决问题。

2.循序渐进

假如孩子不喜欢思考,那父母对其不可提出太高的要求,而是按照孩子的实际,从最直接、最容易思考的问题入手,如让孩子比较两个东西的异同,然后慢慢增加难度,让孩子通过自己的思考解决问题。

3.引导孩子在生活中积极思考

3~6岁的孩子对抽象的理论不容易理解。所以,对这样的孩子,父母仅仅说教是不行的,父母要创造思考的环境,开展一些健康、有益的活动,在活动中启发孩子积极思考,如进行一些家庭数学游戏、家庭猜谜活动、家庭智力游戏等,将数学、智力题融入活动之中。

4.让孩子享受成功的喜悦

尽管孩子只赢得细小的进步,父母也不要忽略,需要及时地给予肯定、热情的鼓励。父母在平时生活中需要有意识地创设有利于孩子思考的环境,让家里充满求知的气氛,通过积极的亲子互动,自然而然地引导孩子进行思考,养成喜欢思考的好习惯。

5.保留思维空白

父母要解放孩子的头脑,让他们自己思考,恰当地保留思维空白。只要是孩子能够自己思考的,父母就要做到"欲言又止"。讲究"空白"艺术,就可以达到"此时无声胜有声"的效果。孩子自主思索,可以对知识理解得更深、更透,从而培养良好的思维品质。

6.以丰富的感性经验和情感体验做铺垫

父母要以孩子丰富的感性经验和情感体验做铺垫,激活他们的自主思维。孩子的具体形象思维占据优势,头脑中有了丰富的鲜活表象,他们就可以进行知识的迁移，运用已有的知识进行积极有效的思考。

心理畸变，孩子爱上了说谎

蒙台梭利认为，孩子说谎的最主要原因是孩子的心理畸变。他通过对孩子生活习性的观察发现，在一个陌生的环境中，孩子不能自由地实现自己原有的发展计划，就有可能导致心理畸变的发生，自然而然，就学会了说谎。

孩子喜欢撒谎，这是一种普遍存在的心理现象，甚至有心理学家认为，孩子先天具有欺骗和说谎的能力，任何年龄阶段的人，甚至包括刚刚出生的婴儿，都拥有一些天生的了解别人心理的能力。

既然孩子说谎是心理发展过程中的正常现象，父母就应该因势利导，在不扼杀孩子想象力的前提下，鼓励孩子说实话，这对于孩子心理的发展是非常重要的。而且，并不是所有的谎言都应该批评和反对。

很多时候，孩子的谎言都是善意的，并不会给别人带来伤害，那父母应该做的就是保护孩子的谎言不会伤害自己和他人。

李妈妈的女儿今年7岁了，她把全部心思都放在女儿身上，关心孩子的生活、成长和学习，关心孩子的喜怒哀乐。不过她实在没有想到，孩子竟然开始对自己说谎了。

女儿不想去上学，希望待在家里，她觉得，有姥姥陪着，比在学校里和同学们待在一起舒服多了。有一天晚上，爸爸的肚子疼，姥姥和妈妈都劝爸爸第二天别去上班了，好好在家里歇着。这样一来，女儿就觉得生病好，可以不去学校。于是她就开始了，今天跟李妈妈说这里不舒服，过两天又跟李妈妈说那里不舒服。刚开始李妈妈还真担心孩子是哪里不舒服，就让女儿待在家里。但慢慢李妈妈发现，女儿是在装病，目的就是不去学校。

一些父母经常以打骂等惩罚手段来对待孩子的错误，孩子为了逃避惩罚就会说谎，这时孩子说谎是父母不让他们说真话。

有时候父母所谓的权宜之计往往会成为孩子说谎的样板，如有人敲门找爸爸，爸爸不愿见，就叫孩子告诉找他的人说："爸爸不在家。"或者，孩子由于判断不准，把心里想的当作事实说出来，如"我爸爸有一把手枪"，这种谎言说出了孩子希望的事实和渴望的场景。

小贴士

1.减少孩子的心理压力

父母对孩子过高的期望，会给孩子增加压力，从而导致孩子说谎。所以父母对孩子的期望值要合理，不要奢望他们做出超出自身能力的事情。父母要以宽容之心对待孩子，经常与孩子交流，消除孩子的心理障碍，成为孩子的知心朋友。

2.正确对待孩子的谎言

在面对喜欢幻想的孩子时，父母所扮演的角色是很重要的，父母既不应该阻止孩子发挥他的想象力，又要帮助孩子分辨什么是现实、什么是幻想。而孩子将想象转化成谎言，有时仅一步之遥，这就需要父母正确引导。孩子拥有想象力是天性，不过假如父母对孩子的想象力一味地赞许，那就有可能让孩子将想象转化为谎言。假如父母一味地反对孩子的想象力，又会扼杀孩子的智力发育。因此，父母需要调整教育方法，及时循循善诱地纠正孩子不好的习惯。

3.了解孩子喜欢说谎的动机

假如孩子到了能够分辨是非的年龄依然在说谎,那父母应该找出原因。有的孩子是因为免受处罚而撒谎,他们往往觉得自己说了真话反而会被惩罚;有的孩子则是出于无奈,在父母的逼迫之下选择撒谎;有的孩子为了讨父母关心,为了不让父母生气,他们最本能的反应就是不承认自己所做过的错事。

4.树立良好的榜样

对喜欢说谎的孩子,威胁或强迫他承认自己的谎言都不是正确的办法,父母最好用一定的时间,冷静、严肃地与孩子谈谈。孩子承认错误之后,父母一定要称赞孩子诚实的表现,要这样说:"我虽然不满意你做错了事情,但幸好你说出了真相,我很欣赏你的诚实。"父母是孩子的启蒙老师,其言行将影响孩子的成长。因此,父母不要在孩子面前撒谎,即便是善意的谎言也要杜绝。父母要做到不论对人对事都真心诚意,这样孩子才能坦诚做人。

第05章
感官敏感期，让孩子感受事物

孩子从出生起，就会凭着听觉、视觉、味觉、触觉等器官来熟悉环境、了解事物。孩子在3岁前主要通过潜意识的"吸收性心智"吸收周围的一切事物，6岁左右便可以具体地透过感官分析、判断环境里的事物。

绘画敏感期，孩子的"涂鸦"梦

孩子到了绘画敏感期，就很喜欢乱画、乱涂，家里的床、墙壁，只要孩子够得到的地方都被涂鸦过。这时父母总会说"你到底在画什么，根本看不懂""乖乖，不要在墙上乱涂乱画""孩子，这个小草应该是这样画，来妈妈教你"，等等。事实上，孩子在这一阶段喜欢乱涂乱画是有原因的，父母应该认真对待这一现象。

孩子喜欢乱涂乱画是身心发展的一种外在表现，此时孩子处于涂鸦期向象征期的过渡阶段，是孩子绘画的最初级阶段。对孩子来说，乱涂乱画只是一种行动，或是一种游戏，他们在这个过程中注重的不是涂画的结果，而是享受涂画的过程，从而获得心理上的满足和快乐。

当然，对于某些孩子而言，乱涂乱画是绘画兴趣的萌芽，是因为他们爱上了画画，而且对绘画活动产生了浓厚的兴趣和爱好。一旦孩子有了兴趣和爱好，就有了表现的欲望，并想办法去满足这个愿望，于是就只有乱涂乱画。如果孩子产生了绘画的兴趣，但父母没有及时配备绘画的工具，那他们就会在认为可以绘画的地方来满足自己绘画的欲望。

李妈妈说，家里的墙壁就是孩子的画板，以前自己总试图去制止孩子画画。不过孩子爸爸不赞同，说别影响孩子创作。墙壁可以重新刷，但是孩子的灵感被抹杀掉就没有了，李妈妈想了想觉得这话有道理，所以现在家里好多家具上都有孩子的涂鸦作品。

6岁的童童喜欢乱涂乱画,家里的床头、墙壁以及门窗,只要他能够得到的地方都被他用彩色笔画过,章妈妈看孩子这么喜欢画画,就给童童报了一个绘画班。结果童童第一天上课,老师就告诉章妈妈:"孩子一直不专心画画,他自己不画画就算了,还影响其他小朋友?"章妈妈感到纳闷,难道孩子不喜欢画画吗?但童童回到家之后,又开始在墙壁上、柜子上画画。

许多父母会出现像章妈妈一样的烦恼,孩子明明喜欢乱涂乱画,不过真正送他去上绘画班时,孩子却没有表现出太大的兴趣。也有父母像李妈妈一样,任由孩子发挥灵感,宽容对待孩子的乱涂乱画现象。

乱涂乱画是孩子成长过程中必然经历的过程,孩子乱涂乱画并不是真的在绘画。许多父母看到孩子拿笔乱涂乱画时,就会想:是不是该让孩子学画画了?其实,这一阶段是孩子的涂鸦敏感期,孩子之所以喜欢乱涂乱画,是随着自己的感知觉与动作有了一定的发展与协调之后,对身边环境做出的新探索,是一种新的动作练习。

乱涂乱画是孩子的一种沟通手段,孩子最初的涂鸦都是无意识的,没有绘画构思和目的。不过,随着年龄的增长,孩子会逐步调整自己手部的控制力,从而利用乱涂乱画进行自我创作和情绪表达。并非所有的孩子都可以很好地表达真实内心,乱涂乱画成为孩子的第二语言,它可以帮助孩子表达自我,与他人交流。

小贴士

1.认真对待孩子的乱涂乱画

父母需要有耐心地去看待孩子的乱涂乱画,不论是孩子一时兴致随便涂画，还是精心绘画，父母都要认真对待，努力站在孩子的角度去看他到底想表达什么。那些看起来稚嫩的作品，可能是孩子一时的想象，可能是孩子当下的心情，可能是孩子未来的目标，可能孩子自己都没意识到在画什么。不过父母若能够认真欣赏，那就是对孩子莫大的肯定与关注，会给予孩子精神上很大的支持。

2.鼓励孩子

看到孩子乱涂乱画，需要及时给予孩子积极的肯定。不论孩子画得像不像，父母都不应该说"你这画的什么呀，乱七八糟"，否则会打击孩子的自信心。而是应该不吝啬自己的赞美之词，赞扬一下孩子，如"你画得真棒，你说画的是什么？小草，哦，看起来真像，你告诉妈妈，你是怎么画出来的，教一教妈妈"。孩子获得赞赏之后，内心会得到由衷的满足，或许以后在这方面会有特别的表现。

3.与孩子一起涂画

父母应该参与到孩子的涂画活动中，千万不能小看孩子的乱涂乱画，其实很有童趣。父母应该抽出一些时间，与孩子一起涂画，这样既可以促进亲子关系，又可以适当引导孩子的想象力，如太阳用什么颜色、画什么、如何布局，等等，可以与孩子一起协商完成绘画作品。当然，在这个过程中，需要以孩子为主，父母只需要参与就行，不能强制性要求孩子一定要画什么。

4.给予孩子内心的回应

有时候，孩子在涂画之后，可能里面隐藏了某些孩子真实的情绪表达。父母在观察孩子的绘画作品之后，应努力感知孩子细腻的心思，然后给予一定的回应，如"原来宝贝眼中的天空是如此绚丽多彩啊，小草还知道疼痛呢，嗯，真不错"。这样一来，给予了孩子良好的回应，他在未来感知世界时会收获更多。

视觉敏感期，让孩子亲近大自然

有位哲学家说，家长要教会孩子读两本书：一本书是自己，一本书叫作自然，希望孩子能够用心来阅读这两本书，不单只用眼睛。大自然本来就是杰出的画家，更是杰出的艺术家，大自然里蕴含着说不出的美丽，也隐藏着不能知道的秘密。孩子有着非常敏锐的感知，有着强烈的好奇心，当孩子置身于大自然的怀抱，他就已经展开了想象的翅膀。这时候就需要父母教会孩子热爱大自然，拥抱大自然，感受来自大自然的美丽。

假期里，妈妈带着豆豆去旅游，到了安徽就去了一趟黄山。回来以后，豆豆就对大自然充满了兴趣，妈妈为了让孩子感悟到大自然的美丽，又带着豆豆回了趟老家，那绝对算是有山有水的美丽地方。到了田野，豆豆就像撒欢的小驴一样，满地奔跑，对什么都感兴趣。"妈妈，你看有好多喜鹊！""那个小树被折断了，它肯定很痛，因为它哭了。"最让妈妈感到奇怪的是豆豆居然拿着葱薹叫道："这是葱妈妈里的葱孩子。"林妈妈哭笑不得，也见识了孩子那无比丰富的想象力。要回家了，豆豆问妈妈："大自然为什么会这么美丽？"妈妈也不知道该怎么回答，只好说："因为大自然是最杰出的画家。"豆豆又问："为什么城市里的树叶上沾满了灰尘，树下到处是垃圾，但这里的树叶却这么翠绿，而且也很干净？""因为城里的人不爱惜大自然，他们到处丢垃圾，这样树下面就很脏了。"妈妈回答道。豆豆明白了："那我以后绝不乱扔垃圾，还大自然一个美丽。"林妈妈笑着点点头。

如果孩子远离了自然，就会缺乏一定的想象力，也缺乏应对各种复杂环境的能力。他们平时在学校进行枯燥的学习，学习上的压力得不到缓解，内心的焦虑也日渐严重。他们就像关在笼子里的小鸟，需要畅游在大自然里才能呼吸新鲜的空气，这无论是对于孩子本身，还是对于学习来说，他们都有必要亲近大自然，热爱大自然，成为大自然最童真的追随者。

小贴士

1.让孩子热爱大自然

父母要想孩子热爱大自然，就需要让孩子更多地亲近自然，融入到自然中，培养孩子热爱自然、亲近花草动物的感情。让孩子用心去感受一颗樱桃的甜、一朵花的香、一株草的绿……才能真正地感觉到大自然的美丽。在周末或者假期，父母可以带领孩子走出家门，融入到大自然的怀抱，让孩子用身体去感受自然：用眼睛去观察自然，感受自然的美丽；用手去触摸自然，和自然融为一体；走在田野里，踏在自然的路上不断地前行；倾听自然的语言，感受大自然演奏的和谐交响乐。大自然给了孩子无穷的乐趣，也赋予了孩子无穷的力量。

2.让孩子在大自然中获得知识

其实，父母带着孩子到大自然中去，孩子在玩耍的过程中还可以学到很多知识。只要父母能够寓教于乐，细心地陪着孩子玩耍，孩子会受益无穷。可能孩子喜欢边走边玩，走走停停、停停走走，他喜欢捡路边的小石子，喜欢采摘路旁的小花。有时候，可能是路边的小虫子、一只小蚂蚁都难逃孩子的眼睛，一旦他发现了就要停下来看半天。这时候孩子在用心地观察，父母可以引导孩子亲近自然，享受自然带来的乐趣，在自然中获得知识。

3.培养孩子保护大自然的意识

有的孩子喜欢乱扔垃圾，喜欢采摘公园里的花朵，这时候，父母就要进行正确的引导，培养孩子保护大自然的意识。父母可以带着孩子到野外去感受大自然的美丽，当孩子陶醉在大自然的怀抱，父母就不失时机地告诉孩子：在生活中要积极爱护一花一草，不要乱扔垃圾，这也是爱护大自然的方式，只有大家齐心协力保护大自然，才会让大自然更加的美丽。帮助孩子树立良好的世界观，这样对于孩子身心健康地成长也是非常有帮助的。

模仿敏感期，孩子对同伴行为感兴趣

孩子天生喜欢模仿，因为模仿是孩子学习技能、探索世界的一种方式。随着年龄的增长，孩子的语言表达能力不断地提高，模仿能力也逐渐加强。一般而言，孩子通过他看、听、触摸、闻等感官系统对外部环境信息进行接收，来认识世界。孩子大脑负责外界信息收集的神经元在他出生时就已发育成熟，这就是孩子喜欢模仿的基础。而负责信息处理、逻辑想象这部分的是额神经元，这部分神经元在孩子2岁开始发育，快速发育期在3~6岁，这一阶段孩子的模仿能力会加强。

园园2岁时就喜欢模仿，她每次在家总不爱穿自己的鞋子，而是偏爱妈妈的高跟鞋，而且穿着妈妈的鞋子，走起路来感觉很神奇。平时趁着爸妈不在家，她会拿着妈妈的化妆品在自己脸上乱涂抹，还不时照镜子。

后来上了幼儿园之后，她开始喜欢模仿与自己同龄或比自己大的孩子，别的孩子做什么，她就学别人做什么，连老师都说她的行为比别的小朋友明显，不过在爸妈和比她小的孩子面前又不这样。

园园妈妈觉得孩子很没有自己的主见，总是别的小朋友做什么她就做什么，如跟妞妞一起玩，妞妞玩得哈哈大笑她也哈哈大笑，妞妞爬扶梯时摔倒了，园园也跟着摔倒，这个现象都持续大半年了。

孩子突然之间成为同伴的"跟屁虫"了，这让许多父母感到苦恼和困感。看到别的孩子做什么,自己的孩子就做什么,这让许多父母认为自己的孩子没有个性、缺乏主见,甚至认为这是不好的现象。

事实上,孩子喜欢模仿是正常行为。孩子最开始喜欢模仿父母,因为父母是孩子的第一任导师,一般孩子模仿父母的年龄应该是2岁左右,如女孩喜欢穿妈妈的高跟鞋,男孩喜欢模仿爸爸开汽车。对孩子而言,他们对于喜欢的事情就是愿意模仿,这主要在孩子大脑情绪记忆系统,如额叶与边缘系统会存储下来,这是一种良好的体验行为,这种感觉就像成年人所体验的成就感、意义感、被认可感一样。孩子带着这种兴奋感、舒服感,指引着他们的大脑不断重复,所表现出来的就是强烈的模仿行为。

孩子为什么喜欢模仿呢?

模仿即学习。孩子有很强的观察力,喜欢模仿他人的言行举止。实际上,这是孩子学习的一种方式。父母不必担心,只是孩子没有足够的知识经验,不知道怎么办,就只能通过观察同伴的行为表现来模仿学习,从而获得相应的经验。

一种从众心理。孩子从模仿中能够获得成功和喜悦的乐趣。孩子也喜欢随大流,想跟别人一样,获得别人的认可,融入到集体活动中,这是一种人际交往、人际依赖的心理安全需要,从而获得一种群体归属感。

独立自主意识较弱。孩子年龄小,独立自主意识较弱,依赖心理严重,他们的很多能力都是凭模仿学会的。有了模仿,减少了不必要的探索和尝试,快速掌握别人已经摸索出来的各种技能,才有时间、有精力去创新和发展。

小贴士

1.正确看待孩子之间的相互模仿

孩子看到别的孩子吃什么,他也要同样的东西。看到孩子这样的行为,父母不要小题大做,将孩子之间的模仿行为认为是嫉妒、攀比、无理取闹等,也不要采用错误的方式来对待孩子,如拒绝孩子的要求,放任孩子哭闹。其实,孩子之间的模仿是一种自然本能,而嫉妒行为则伴随有哭闹等行为表现。模仿同伴是一种学习和交流,父母错误对待会不利于孩子的学习,而且也会影响孩子与同伴之间的关系。

2.孩子不是跟屁虫

看见孩子跟着学同龄的孩子,觉得孩子没个性、缺乏主见,这其实是父母对孩子模仿行为持批评和否定态度。孩子的观点和主见主要是在模仿的基础上渐渐形成的,他们只有在同伴面前才互相模仿,从而实现真正的交流。

3.通过互相模仿改掉孩子的坏习惯

孩子在成长过程中难免会养成一些不好的习惯,而相互模仿则可以促使孩子改掉一些不良的习惯。例如两个孩子一起吃饭,看着同伴吃饭很乖,父母就可以正面鼓励孩子去模仿对方"你看妞妞好棒哦,自己吃饭,她根本不需要妈妈喂",这样就可以通过互相模仿渐渐地改变孩子的不良吃饭习惯。

4.注意孩子模仿的内容

互相模仿也存在一些问题,既然孩子可以模仿同伴的好行为,也会模仿一些不好的行为,所以需要父母经常把关,注意孩子模仿的内容。如孩子最近学班里的同学说脏话,父母就要及时干预和正面引导了。很多时候,孩子在模仿行为时并不清楚这个行为背后的意思,也不明白行为的好坏。而父母需要告诉孩子这是一个不好的行为，让孩子改掉这些不良行为。

5.告诉孩子是怎么回事

如果父母不希望孩子去模仿同伴的某些行为，最好的办法就是不要把那些事情搞得很神秘，开诚布公地让孩子去了解怎么回事。好奇心没了，自然注意力也就会转移到其他方面。如孩子会模仿同伴的口头语、脏话或者口吃、频繁眨眼等动作，父母不要大惊失色严厉禁止，否则做会适得其反，加重孩子的好奇心和反抗心理，用表明态度、然后忽略的方式对待，等孩子的好奇心消失，这类行为症状也会自然消失。

正确培养孩子的观察能力

每个孩子都有强烈的好奇心，他们有着过旺的求知欲，父母应该很好地利用孩子的这一天性，进而培养孩子的观察能力。父母可以把世间万物作为观察的对象，春天的小草、夏天的花朵、秋天的果实、冬天的白雪，这些都是很好的观察对象，让孩子体会到万物的变化，从观察中学到知识，同时也能增强观察能力。

周末，爸爸出门回来拎了一个小袋子，远远地看着就是一袋水，可在中间还漂浮着两条金色的小鱼。孩子马上放下手中的书，凑过去想看个究竟，爸爸乐呵呵地问："知道这是什么吗？"孩子回答："小鱼儿。"爸爸一边拿出水缸，一边说道："准确地说，这是金鱼，上次你不是嚷着要喂金鱼吗，你看爸爸给你买回来了。""可是，那天在电视上看见的金鱼是银色的，这怎么是金色的呢？"孩子有些质疑，爸爸耐心地解释："因为金鱼的祖先是野生的鲫鱼，金鱼是人类经过了长期的驯养培育而来的，人们在驯养野生鲫鱼的时候，选择的是野生鲫鱼中变种，也就是体色金黄的鲫鱼，由于它体色金黄，人类就给它命名为金鱼了，也有富贵吉祥的意思。现在虽然金鱼品种繁多，体色也五彩斑斓，但我们还是沿用祖先的名称，所以，它就叫金鱼了。""噢，原来还有这么大的学问。"孩子恍然大悟。爸爸边说边把金鱼放进了鱼缸，他看了看孩子："现在小金鱼就是你的了，你负责照顾它们，不懂的可以问我，好好照顾它们哦。"孩子看着在水中游动的金鱼，欢快地答应了。

就这样，孩子成为两只小金鱼的主人。每天放学回来，孩子都要亲自去看金鱼的变化，是否长大了一点，身体有那些变化，有没有生病。

无论是一个小动物还是一种不寻常的景象，都会引起孩子的兴致和思考。同时，父母要引导孩子积极去观察，开阔孩子的视野，丰富孩子的知识。

小贴士

1.让孩子感受到观察的乐趣

观察能力是孩子熟悉世界的窗口，孩子需要具备良好的观察能力，才能够从简单的生活中获取更多的知识。但是，如果父母只是要求孩子去观察事物，就会让孩子觉得这样的活动比较枯燥。因此，父母应该让孩子感受到观察的乐趣，如在家里养小动物，种一些花草，让孩子直接接触事物，天天关注它们的成长，有时候父母也可以陪着孩子一起观察，通过观察事物提出许多问题，再从中去获得答案，久而久之，孩子就会感受到观察的乐趣。父母还可以锻炼孩子养动物的能力，这样做不仅使孩子从中学到一些常识，体验到观察的乐趣，还可以使孩子多思考，培养孩子良好的观察能力。

2.引导孩子观察的方法

孩子在观察事物之前,最好让孩子熟悉所需要观察的对象,明确即将观察的事物,由于孩子总是四处张望,这就需要父母加以引导。例如,父母和孩子一起去公园,如果漫无目的地游玩,回到家里,孩子也说不清楚自己看见了什么。假如父母明确地带着孩子去观察公园里的鲜花,那么孩子就会细心地观察鲜花的颜色、香味以及花瓣的形状、叶子的形状等,这样让孩子有目的地去观察,可以取得更好的观察效果。

3.教会孩子观察的合理顺序

父母需要教会孩子观察的合理次序,引导孩子如何观察,先看什么,再看什么,暗示孩子抓住事物的重要特性进行观察。例如,父母带着孩子去动物园看猴子的时候,就可以边看边提出一系列问题让孩子回答,如猴子的动作是怎么样?身体特性是什么?为什么猴子会爬树?等等,这样通过父母有意识地暗示,孩子就会掌握观察的方法。

4.教会孩子用自己的器官观察

父母要教会孩子利用自己的器官去观察,例如,用眼睛看一看外形以及颜色,用手摸一摸事物的外表,用耳朵听一听事物的声音,用鼻子闻一闻事物的气息,必要时可以用嘴巴尝一尝。这样让孩子多种感觉去接触事物,就会让孩子获得很好的观察效果,对所观察的事物也会留下深刻的印象。当然,孩子的观察能力不是一朝一夕就能培养出来的,必须经历过长期的训练,父母千万不要忽视孩子这方面能力的培养。

别给孩子一个敷衍的假期

到了假期,痛痛快快地玩上一把是所有孩子最大的愿望,作为父母应该理解孩子的这种心情，在不耽误学习的情况下，尽可能地让孩子在假期玩得尽兴。但有的父母在假期以前就擅自为孩子报下了各种各样的培训班，希望不要浪费一点时间，抓紧时间让孩子学习。虽然，父母也是为了提高孩子的学习成绩，唯恐自己的孩子输给了其他孩子，但实际上这样做反而增加了孩子学习的压力。

假期到了，孩子心里可高兴了，又可以痛痛快快地玩了。可是，妈妈正在为是否给孩子报培训班而矛盾。最后，征询了孩子的意见，培训班只上一个，而且也是孩子自己选择的，他觉得自己需要练字，就选择了为期半个月的练字培训班。

假期第一天，妈妈就把一份假期计划书交给了孩子：前段时间，认真完成假期作业，上好培训班，周末时可以自由支配时间；中期，去乡下爷爷家住一阵子，体会农村生活，但要写三篇日记；后期，爸爸或妈妈会带着去旅游一次，另外还可以参加其他同学组织的各种活动，适当地抽出一些时间复习一下功课，准备上学。

孩子看完了计划书，向妈妈竖起了大拇指："妈妈，我喜欢这计划，你是怎么想到的？"妈妈调皮地向孩子眨了眨眼睛："为了咱们家的宝贝能够过一个丰富多彩的假期，妈妈可是一整夜没有合眼。"孩子搂着妈妈亲了一口，觉得自己的假期生活真是五彩斑斓。

本来，孩子在学校已经觉得枯燥了，好不容易有了假期，肯定是想好好地放松一下。如果父母在这时候还想以学习来填满孩子的空闲时间，孩子在失望之下也会对所谓的学习提不起半点兴趣。聪明的父母寓教于乐，既让孩子痛痛快快地玩，又让孩子在玩耍中获得知识，致力于为孩子设计一个丰富多彩的假期。

小贴士

1.有计划地安排孩子的学习

当然,在假期肯定是需要安排孩子学习时间的,但这样的时间不宜过紧,也不宜过松。不能强行孩子上午做数学作业,下午写语文作业,整天都是在写作业,没有一点乐趣可言,否则孩子就会反感,学习效率自然低下。例如,父母可以让孩子早上读一点英语,写一会儿数学作业,中午可以适当地看会儿电视,下午就可以阅读一些课外书籍,每天规定孩子完成一定的作业。这样不松不紧的学习计划,会让孩子觉得学习不是一种负担,他可以很轻松地学习,这样一来,学习效率和学习质量也会有所提高。

2.让孩子选择兴趣班

父母除了监督孩子完成老师布置的假期作业,也可以依据孩子的爱好选择一两个兴趣班。让孩子在学习之余,还可以学习其他的能力,如画画、书法、唱歌、跳舞。父母切忌擅自做主给孩子选择兴趣班,否则孩子会由于厌烦而失去兴趣,自然受益就不大。另外,对于这个年纪的孩子来说,最好不要在假期上一些学习辅导班。毕竟孩子还很小,对他们来说重要的是有个快乐的童年,而不是早早地套上学习的枷锁。如果孩子在哪方面功课比较弱,父母可以抽时间在家里进行辅导,但也千万不要给孩子学习上的压力。如果父母把学习上的压力给了孩子,孩子就会厌烦学习,进而讨厌学习。

3.让孩子多参加有益的活动

爱玩是孩子的天性,好不容易盼来了假期,当然孩子想好好地玩耍了。但如何让孩子从玩耍中受益,这才是需要父母考虑的问题。在假期,许多博物馆、科技馆、图书馆等公共设施都会向中小学生免费开放,这时候父母可以陪着孩子一起去参观，让孩子度过一个快乐、轻松、健康的假期，也可以让孩子在玩耍中学到很多知识。

如果有时间，也可以带着孩子去乡下走走，感受大自然的美丽，陶冶情操，让孩子感受与城市不一样的地方，这样既开阔了孩子的视野，又愉悦了孩子的心灵。而且，远离了城市的束缚，孩子会玩得更尽兴。当然，在玩耍的过程中也要注意安全。另外，有条件的父母还可以带着孩子外出旅游，增长孩子的见识，让孩子在旅游中获取新的知识。

鼓励孩子多探索

父母要鼓励孩子多探索，激发孩子探索的兴趣。许多孩子都有探索的能力，但常常被父母忽略掉了，或者父母没有给孩子提供探索的机会。因而，建议父母无论是在家里还是带着孩子出去玩，都要不失时机地鼓励孩子去探索，可以问问孩子："有什么新的发现吗？"这样，孩子就会动脑筋去思考，动手去开始自己的探索之旅。

这天，小豆子回家第一件事情就是问爸爸："爸爸，圆周率是什么？"爸爸没有直接回答他的问题，而是向小豆子提问："你觉得圆的周长和直径之间有什么关系呢？""我不知道，可是测试出来不就知道了吗？"小豆子想出了一个方法，不让爸爸提醒，他自己找来了一个杯子、一把直尺和一条绳子，开始量杯子的周长和半径。这时妈妈回来了，看到小豆子拿着绳子，又拿着杯子，大声呵斥："你在干什么？又想把杯子摔碎？家里的杯子已经越来越少了，这孩子真是不听话……"妈妈一边说着，一边拿走了小豆子的杯子。

有的父母带着孩子出去玩的时候，喜欢警告孩子："不许到那个地方去！""不要跑远了。"如果看见孩子正在观察一只毛毛虫,就赶紧斥责:"一只毛毛虫有什么好看的,一会儿它爬到你身上怎么办。"在父母的大声斥责下,孩子探索的兴趣也就被扼杀了。如果父母问一句:"你在看什么呢,发现有什么好玩的吗?"也许孩子能够说出自己的想法,长此以往,孩子就会养成一种习惯,看到新鲜有趣的事物,他就会留心观察,有什么质疑的,他也自己去找答案,这样有利于培养孩子的探索能力。

小贴士

1.不要告诉孩子答案

有的父母看见孩子在观察什么,就在旁边叽叽喳喳地介绍个不停,唯恐孩子不懂这些。当父母主动告诉孩子,孩子很快就能学到知识,但他是被动接受的。其实,这时候,父母应该不把答案告诉孩子,鼓励孩子自己去探索,虽然自己探索的过程比较慢,但是同时孩子还可以学到认识事物的方法,体会到主动探索的乐趣。时间长了,孩子就养成了主动学习的好习惯。例如,父母买回菠萝、螃蟹、玻璃等新鲜东西,只需要告诉孩子事物的名称就可以了,其余的可以让孩子自己去探索。在探索过程中,孩子会发觉菠萝外面的刺具有伤害性,螃蟹跟菠萝不一样的是能咬人,玻璃容易打碎,需要小心。

2.让孩子体会探索带来的成就感

有的父母习惯给孩子买一些积木回来,孩子可以按照自己的想象堆出奇形怪状的东西,这时候不妨把自主权交给孩子,随便孩子怎么玩。每当孩子让你欣赏自己的杰作,你就给予称赞"哇,又有新玩法了,真不错",并且鼓励孩子积极探索"还有更好玩的玩法吗",孩子又会在父母的鼓励之下开始新的尝试。你会发现在这个过程中,孩子的头脑越来越灵活了。

3.不要有太多的"不准"

有的父母带着孩子出去玩，出门之前就开始了"不准"命令：不准把衣服弄脏了，这样看上去像个坏小孩；不准爬树，不准到处乱跑。当你不断地向孩子命令时，实际上也扼杀了孩子的探索兴趣。面对外界的新鲜事物，父母应多鼓励孩子去探索，把自主权交给孩子，让孩子能够放开自己，勇于探索。

4.做好一个旁观者

当孩子在专心地做一件事情的时候，父母不要干扰孩子，有可能你的喋喋不休会让他断了思路。尽量不要催促他，也不要在旁边不断地提醒他不可以这样、不可以那样，这样会干扰孩子的行为，而且也让孩子感到不受尊重。如果孩子在探索过程中遇到了困难，父母不要急于帮助他，可以先给孩子多一些建议，慢慢引导他战胜困难，获得成功。

第06章
行为敏感期,正视孩子的"好动症"

在孩子的成长过程中总有一些行为是父母难以理解的,其实,这只是父母不知道孩子在在成长中会经历各种敏感期。在许多父母看来,这是孩子的不良习惯,所以常常会责怪孩子,其实这样是很不利于孩子的健康成长的。

正确对待孩子的"人来疯"

孩子进入幼儿期，常常会在人多的场合出现"人来疯"行为，异常活泼，非常调皮，让父母感到手足无措。孩子"人来疯"的行为，指的是孩子在客人面前或在有陌生人的场合表现出一种近似胡闹的异常兴奋状态。例如，家里来客人了，孩子表现得十分高兴，一开始还能正常说话玩耍，渐渐地却陷入一种近乎疯狂的状态，又吵又闹、上蹿下跳，让客人大为吃惊，父母也尴尬不已，却不知道如何让孩子安静下来，担心孩子的行为会给客人留下不好的印象。

周末闺密要到家里来做客，王妈妈大清早就开始收拾屋子，准备食材，忙得没有工夫管6岁的儿子。儿子刚开始安静地待在客厅玩手机，不时还帮妈妈拿一下东西。

不一会儿，闺密来了，王妈妈把闺密请进屋子里，和闺密很有兴致地聊起天来。这时本来安静的儿子却不安分起来，一会儿把电视机调到很大声音，一会儿又把手机游戏声放很大，或者在屋子里故意走来走去。王妈妈让儿子安静一点，没想到儿子还冲着自己做鬼脸，甚至做出一副"要你管我"的样子。王妈妈气得大声呵斥，但是根本没有用。最后，王妈妈只能让儿子回到他自己的房间，却听到儿子"砰"的一声关起了门。王妈妈感到很难堪，无奈地跟闺密笑了笑，闺密安慰着："没事，孩子都这样。"

许多父母都经历过孩子的"人来疯",平时看起来很听话的孩子,忽然之间在客人面前或公共场所变得非常亢奋,如一匹脱缰的小野马,不仅大吵大闹,而且还蛮横无理。

那么,孩子为什么会"人来疯"呢?

1.缺乏自控力

孩子的自控能力刚刚发展,所以不能有效地控制自己。他们平时的行为带有很大的冲动型,而且自控行为会随着场景而发生变化,一会儿好,一会儿坏。当家里有了客人,父母会鼓励孩子表现自己,哪怕孩子表现过火,父母也不会当着客人的面批评孩子。聪明的孩子感觉到父母的宽容,便会彻底释放自己的天性,所以不容易控制自己的言行。

2.孩子渴望得到关注

现实生活中许多父母因平时工作繁忙,很少带孩子出去玩,孩子在家里总是与爷爷奶奶一起玩耍,不然就是电视、玩具,他们的交往需要得不到满足。所以,当家里来了客人,孩子会感到好奇、兴奋,终于有人关注自己了。这时候如果父母只是跟客人聊天,那孩子心里就会觉得被冷落了,便会有意识地做出一些偏常行为,从而引起别人的关注。哪怕这样的行为会引来父母的批评,他们也会感到满足。

3.父母太溺爱或太严厉

有些父母对孩子太溺爱,不论孩子的要求是否合理,总是给予满足,让孩子变得自私、任性,在客人面前也不听父母的话,无理取闹;反之,有些父母对孩子太严厉,严重抑制了孩子喜欢玩的天性,当有人在场时,父母的注意力更多集中在客人身上,孩子就会抓住机会来尽情表现自己。

4.客人出于表面的宽容

有时候,客人的宽容很容易引起孩子的"人来疯"。当孩子在表演的时候，客人会出于表面的礼貌夸奖孩子，以此来取悦孩子的父母；或者主动逗孩子，即便孩子做得不好，客人也不会过分苛求，非常宽容和纵容，这样会让孩子更加兴奋，趁机会做一些平时不太敢做的举动。

小贴士

对孩子的"人来疯"行为，父母应该怎么办呢？

1.别当着客人面批评孩子

家里来了客人，当孩子出现"人来疯"行为时，父母不必着急，更不要当着客人的面批评孩子，否则会让孩子感到很难堪，会感到很没面子，甚至会出现逆反行为。同时会让孩子感到只要客人来了自己就变得不重要了，孩子的自尊心会受到伤害。

2.给孩子适当的表现机会

家里有客人来，可以给孩子适当的表现机会，如让孩子唱歌、讲故事、朗诵诗等，然后告诉孩子"你的歌唱得真不错，下次再给叔叔唱一首更好的，好不好？"如果孩子很兴奋，还想继续表演，那父母可以暗示"叔叔喜欢听话的孩子，你先自己去玩吧"。

3.给孩子讲道理

客人来之前，父母可以先给孩子讲道理，不许"人来疯"，同时提出惩罚或奖励的方法。例如，假如孩子出现"人来疯"行为，就给予批评，取消周末野炊的计划等；假如孩子听话，没有出现"人来疯"行为，就及时表扬，满足其提出的合理要求。

4.多让孩子出门玩耍

父母想要减少孩子"人来疯"行为，可以多为孩子制造与外界接触的机会，带孩子多参加一些聚会，让孩子与同龄孩子玩耍，减少孩子看见陌生人的新鲜感。如果孩子不愿意与陌生孩子玩耍，父母也需要及时引导，让孩子慢慢感受到与人交往的乐趣，学会主动与人交往。

5.给孩子自由玩耍的时间

有的孩子平时看起来很乖，一旦有客人来了就出现"人来疯"行为。这时父母应该反思是否平时的管教太过于严厉。如果是这样，父母就不要过多限制孩子的自由玩耍时间，给孩子买一些合适的玩具，引导孩子多交同龄朋友，让孩子活泼好动的天性得到充分解放。

6.别溺爱孩子

孩子出现"人来疯"行为在于缺乏自制力，所以父母在平时教育孩子时要特别注意。对于孩子提出的要求，不能总是满足，特别是一些不好的习惯，应该及时制止，不能纵容孩子养成"以自我为中心"的心理。这样渐渐地，孩子的自制力就会增强。

7.别冷落孩子

家里有客人时，父母与客人聊天的时候，别把孩子冷落在一边，应该让孩子学会招呼客人，如帮忙倒茶，帮忙拿东西，有时也可以参加聊天，问孩子一些感兴趣的事情等。这样孩子可以感受到父母和客人对自己的喜欢，学一些待人接物的行为，同时也满足了孩子的表现欲，也不会造成难堪局面。

8.别过多关注孩子"人来疯"行为

父母需要避免强化孩子的"人来疯"行为，一家人保持统一的教育方式，在孩子出现"人来疯"行为时别过多关注孩子，假装什么也没看见。同时，也引导并暗示客人不要关注孩子的行为。这样，孩子觉得没趣自然也不会再用这种方式吸引别人注意力了。

孩子精力太旺盛

在生活中，有的孩子过分活跃，行为冲动，他们好像从来不知道害怕，喜欢爬高、大声喊叫、疯玩，常常做出各种让父母后怕的行为举动。心理学家分析，过度活跃的孩子往往在学习上遇到重重困难，他们常常行为冲动、专注力不足，与同学产生摩擦或受到排斥，父母只是觉得他们顽皮、捣蛋、多动，不过忽略了真正问题的所在。

有的父母认为，对待过于活跃的孩子，就应像猫捉老鼠那样好好管教。但这样做就好像让还不太会走路的孩子去跑步一样，且生气、斥责都是解决不了根本问题的。父母需要尽自己最大的努力，帮助孩子树立自信心。

家里的孩子总有使不完的劲，每天早上只要一起床，就精力十足地开始一天捣蛋鬼的生活了。她边吃早餐边在沙发上乱蹦乱跳，嘴里说着我们听不懂的语言，时而跳上去，时而蹦下来。

去幼儿园，一路上也是蹦蹦跳跳的，从来不说累，她的同学都嚷着让爸爸背的时候，她也是一个人冲在最前面。在幼儿园的一天，可以说精彩不断，上课在教室里跑来跑去，老师拉都拉不住，下课了和小伙伴们捉迷藏，满身是汗。等到下午我去接她的时候，全身都是汗臭，我总问："宝贝，你不累吗？"她好奇地问："妈妈，什么是累？"晚上回到家，吃了饭之后还要折腾一番才睡觉，我真拿她没办法，她精力怎么这样旺盛呢？

父母需要理解孩子的心理，这样的孩子大部分不适应比较复杂的外界环境。父母仔细观察就会发现，孩子发生过激行为之后，自己会变得更加不安，这表示他们不具备控制情绪的能力。父母必须清楚，这些过度活跃的孩子不是故意捣蛋、顽皮、反叛，父母需要学习如何应对过度活跃孩子的行为，帮助孩子适应群体生活及学习。

小贴士

1.帮助孩子隔离刺激源

当孩子出现过激行为的时候，父母首先要判断周围是否存在刺激孩子的事物，有可能是更活跃的小伙伴刺激到了他，也可能是其他危险物品激发了他的好奇心。假如存在这样的对象或环境，父母就要着手改变周围的环境，把孩子和这些刺激要素分开而来。当然，为保持孩子的情绪稳定，平时也可以尽可能创造合适的环境条件。在情况改善之前，应尽可能避免带孩子去人多和新鲜事物较多的商场或餐厅。

2.保持简单的环境

当孩子在学习的时候，父母需要保持学习环境的简单和整洁，避免外界的诱惑和干扰。不论是学习用具还是学习环境，都不能太复杂、太花哨，东西一定要简单，要少，减少孩子分心的机会。

3.缩短孩子的学习时间

过度活跃的孩子精力集中时间较短，因此，他们一次不能学习太长的时间，要一点点延长时间。如每次做作业以10分钟为一小段，10分钟之内，作业做完，让他有紧迫感，不能给他太充裕的时间。每一小段时间之后，可以让孩子做他喜欢的事情。不过，时间不能间隔太久，否则孩子的心又飞走了。然后慢慢地把做作业的时间拉长，变成15分钟、20分钟等。

4.生活要有规律

父母对孩子要求简单，不能有太多的诱惑，如不能对孩子说"你写完作业，我们出去玩"，否则，孩子兴奋了，就不能集中精力做作业了。同时，对孩子生活的时间要做好安排，让孩子尽量遵守，不能太随意，这样渐渐地就能让孩子养成固定时间做固定事情的习惯。

5.对孩子多鼓励、多夸奖

过度活跃型的孩子，对夸奖的渴望比别的孩子要强烈。父母夸奖他，他能克制自己好几天。但是，这几天过去之后，就会忘记了。所以，父母对这样的孩子要经常鼓励、夸奖，不能过于批评这样的孩子，否则，渐渐地，孩子就没有自尊心了。

别再怪孩子老犯错

习得性无助心理，指的是因为重复的失败或惩罚而造成的听任摆布的行为。孩子天生就是积极的、喜欢尝试的。只要他一张开眼睛，就尝试着到处看；当他能控制自己的动作时，就喜欢到处爬。自然，由于许多事情都是第一次，难免会出错。假如孩子的每一次尝试，父母都报以严厉呵斥"不准"或大惊小怪地惊呼"危险"，他就好像被电击一样，时间长了，他对自己所做的事情变得那么不自信了，因为他不知道自己做完之后父母是否会大声说"不"。最后，他会如父母所愿变成一个乖孩子，不过却把"自卑"的种子深深地根植于心中。

赵妈妈抱怨，儿子每天小错不断，大错隔三差五，每天在家里搞破坏，如早上起来孩子把卷筒纸缠在身上做飘带，上学路上把奥特曼拆得七零八落，幼儿园老师反映他把洗手池的水龙头堵了，想看看水还能从哪里冒出来……

卧室的灯泡一个月内闪坏两次，儿子却推卸责任说妈妈买的灯泡不"结实"；后院里的花朵一天天减少，小家伙摘了种在土里、泡在水里，屡种屡死；饭后积极收拾碗筷，摔坏碗筷，还不打自招地称"我不是故意的"，然后还恍然大悟地说："妈妈，原来瓷盘子真的能摔呀！"对于孩子幼稚且故意犯下的错误，赵妈妈十分生气，训过几次，不过没什么效果，还变本加厉故意作对，这让赵妈妈很是头疼。

心理学家告诫父母：不要努力培养"不会犯错的孩子"。一些父母在教导孩子时，亦步亦趋地紧盯着孩子，要求孩子不要犯错。只要孩子错一点点，就着急叮咛与矫正，担心孩子继续犯错。不过，父母考虑过，这样真的是对孩子最好的方式吗？小时候不让孩子去尝试，等到长大后又抱怨孩子很被动，没人教他就不会动；小时候不让孩子"失败"，等到长大后却又抱怨孩子怕"挫折"，一点小事就放弃。

对孩子而言，没有比拥有一个"完美"的童年更糟糕的事情了。法国教育家福禄贝尔曾说："推动摇篮的手就是推动地球的手。"作为父母，智商并不是第一位的，不过智慧一定是最关键的。孩子犯错并不可怕，可怕的是父母对待孩子犯错的错误方式。父母不当的管教方式，不仅不能让孩子认识到错误的本质、体验到犯错的后果，反而让孩子身心受到更大的伤害，甚至会让孩子走向父母期望的另外一个极端。

每一个孩子天生就是纯真而美好的，他们带着自己独特的命运来到这个世界。作为父母，最重要的任务是识别、尊重并培养孩子自然而独特的成长过程，父母有责任明智地支持孩子，帮助他们发展自己的天赋和优点。父母需要意识到，没有哪个孩子是完美的，所有的孩子都会犯错误，这是不可避免的。

孩子衡量自己的唯一途径是父母的反应，父母应传递给孩子的信息是：只要尽最大努力就够了，错误是学习和成长中很自然的一部分。通过犯错误，让孩子学到什么是对的、什么对自己最好。当孩子得到明确的信息，明白犯错误没关系，那些不良反应就可以避免。所以，父母应允许孩子犯错误，且视错误为学习的过程，让孩子有机会得到充分的发展。

小贴士

1.鼓励孩子大胆尝试

孩子就像是一个天生的"科学家",凡事都要亲自去尝试,才会愿意相信这是事实。即便父母跟他说:"这个杯子会很烫。"假如杯口没有冒热气,孩子总要摸一下才会愿意相信。尽管这在父母看来是调皮,不过也就是因为这样的"天真"与"执着",让孩子与父母有着截然不同的想法。允许孩子犯错,实际上就是鼓励孩子不怕失败、敢于尝试。

2.重视孩子的天性与特长

若父母把所有的精力都放在重视孩子"不会犯错"上,却忽略了孩子的天性与特性,这样的努力到头来可能是一场空,且会让孩子精疲力尽。孩子的成功值得表扬,不过"失败"也不是一件错事,最重要的是孩子喜欢"探索"与"尝试"。父母重视孩子的天性与特性,鼓励孩子在尝试中成长。

3.不要把"不可以"挂在嘴边

婴儿是在跌跌撞撞中学会了走路,那是因为不怕跌倒,才可以走得很好。父母不要总是把"不可以"挂在嘴边,这不是在保护孩子,反而是在限制孩子的发展。相反,孩子可以告诉孩子"可以怎么做",给孩子一些练习的时间,不要期望一次孩子就可以做得很好,毕竟孩子需要练习才会熟练。

4.鼓励孩子承认错误

假如孩子真的犯错了,父母需要耐心教导,鼓励孩子承认错误。让孩子明白,犯错是一件很平常的事情,每个人都会犯错,只要勇于改正就是好孩子。在这个过程中,父母要有足够的耐心,否则就会让孩子害怕受到惩罚，从而隐瞒自己的错误。在他们看来，与其面对惩罚，还不如隐瞒所做的事情并希望不被发现。

5.别给孩子乱贴"标签"

当孩子犯错的时候，记住不论自己多么生气、多恼火，一定要努力克制住情绪，不要乱贴标签，如"坏孩子""惹祸精"等。等到父母和孩子都心平气和的时候，用建议的方式跟孩子沟通他的错误，这样父母会更深刻地了解孩子犯错的心路历程，借此引导孩子认识世界，引领孩子健康成长。

孩子的情绪敏感行为

孩子慢慢长大，心里想的东西越来越多，那种"给块糖就不哭"的日子已经一去不复返了。他们开始用心感受世界，寻找自己的朋友，开始将心里的一个角落封闭起来只装入自己的小秘密。

有时，他们忽然觉得自己充满了矛盾和困惑，内心烦躁不安，想找个人大吵一架。孩子的心理是脆弱的，压力使处于天真烂漫年龄段的他们有时会感到无所适从，假如他们总把学习、生活或是人际交往中遇到的所有不愉快闷在心里，时间长了，难免有一天会做出什么不可收拾的事情，还可能会造成心理障碍。

心理学家认为，每个人都应当学会发泄情绪，特别是孩子，他们心理承受能力差，也不会用大道理来开脱自己，要他们能很快调整心态，做到豁然开朗似乎比较苛求。最直接的方法就是引导他们将情绪发泄出来，这对他们的身心都有好处，否则孩子会出现自虐行为。

笑笑平时看起来是一个很可爱的女孩，只要有人跟她说话，她就乐得哈哈大笑。但只要发脾气，就好像变了一个人，不是用手使劲扯自己的头发，就是狠狠咬自己的手。妈妈看见心疼极了，搂着笑笑："宝贝，干吗这样折磨自己？"

平时看起来那么开朗的孩子，怎么就自己虐待自己呢？

每个孩子都会有一定的情绪状态，如恐惧、喜悦、悲哀、愤怒等。与成年人能够有理智地控制情绪不同，孩子的自我控制能力较弱，有了负面的情绪就会当场发泄出来。由于孩子年纪尚小，与人交往、沟通的经验尚浅，且对自己产生的情绪认识不清，所以在出现负面情绪时不知道该如何表达，只好自己寻找方式来进行宣泄。在没有父母引导的情况下，孩子自发的宣泄方式往往是不当的，如哭闹、攻击他人、伤害自己等。不过，即便孩子发泄情绪的方式有些过激，父母也应给予充分理解，所需要做的不是阻止他们，更不是大发雷霆或使用暴力，而是让他们懂得发泄自己的情绪。当孩子情绪平复后，你会发现他比以前更懂事了，还会为自己的过激行为感到惭愧，并对父母的宽容心存感激。

小贴士

1.随时观察孩子的情绪

作为父母要有一双敏锐的眼睛，随时洞察孩子的情绪变化。当发现孩子情绪低落或反常的时候，可以引导他们找一种好的发泄方式，试着与孩子进行心与心的交流和疏导。或是带孩子到野外登山或进行激烈的体育活动，让其情绪得以释放；或兑现一个孩子期待很久的承诺以满足其平时的不平衡心理。这时你会发现自己的理解拉近了与孩子之间的距离，你们彼此之间相处会更和睦、更愉快。

2.避免粗暴对待

性格粗暴的父母看到孩子不良宣泄时，忍不住暴跳如雷，简单地用粗鲁方式直接压制，遏制孩子的发泄。这样的方法表面看起来效果明显，但实际上孩子是出于害怕才停止宣泄，不良情绪没有得到缓解，又多了被粗暴压制的痛苦，很容易出现情绪问题。长时间这样，孩子内心积压的情绪问题越来越多，性格会变得抑郁沮丧，终有一天会爆炸。

3.避免轻易向孩子妥协

孩子的不良发泄有时是因为提出的要求没有得到满足，一些父母出于对孩子的疼爱或觉得烦躁，见到孩子哭闹就马上无条件"投降"，满足其所有要求。这样做的结果是让孩子产生误解，认为只要哭闹就会迫使父母就范，于是每当有不被允许的要求，就会哭闹、撒娇。

4.培养孩子广泛兴趣

培养孩子广泛兴趣，鼓励他们积极主动地投入各种活动，广泛地与他人尤其是同龄孩子交往，是让孩子学会积极的情绪宣泄的有效方法之一。尤其是孩子出现不良情绪时，父母不能长时间让孩子沉浸在消极情绪里，应引导孩子用转移法消除不良情绪，让孩子真正懂得在遇到挫折或冲突时，不能将自己的思想陷入引起冲突或挫折的情绪之中，而应尽快地摆脱这种情境，投入到自己感兴趣的其他活动中去。

5.允许孩子向"自己"宣泄情绪

孩子在遭遇冲突或挫折时，往往会将事由或心中的不满感受告诉父母，以寻求同情和安慰。孩子经常喜欢"告状"，这是以寻求支持的方式应付心理压力的策略。父母应该予以理解，这不仅体现了孩子对父母的信任，同时也是孩子消除心理郁积的常用方式。

6.设置"冲突"情境，给予"补偿"教育

父母对于孩子表达的情绪体验、感受，不应妄加批评或评论，而是要通过设置"冲突情境"教会孩子表述自己的感受，讨论和商量合理解决的办法。在冲突情境出现后要让孩子自己进行评论，学会寻找解决矛盾、让冲突双方都高兴的策略，让孩子通过讨论，自觉地按照合理的方式宣泄不良情绪。

第 07 章
学习敏感期，开发孩子超凡的智商

孩子的成长过程中有一个学习敏感期。在这一时期，孩子学什么都会很快，他有时候看似不经意的一些小举动，其实是在努力地探索世界、感知外界。对此，父母要特别留意孩子的学习敏感期，从而有效开发孩子超凡的智商。

好奇心带给孩子乐趣和知识

同龄的孩子，他们所掌握的知识面也大有不同，有的孩子对一些简单的事物都难以理解，但有的孩子却了解到了高年级的一些知识，究其原因就在于孩子的好奇心。每个孩子都是有好奇心的，但有的孩子也许也好奇了，他还没有搞懂问题之前就把这个问题忘记了，也可以说这样的孩子好奇心不够，这样就促使孩子失掉了开阔知识面的好机会。所以，要想孩子拥有广博的知识，激发孩子大脑的潜能，父母首先就应该让孩子保持强烈的好奇心。

爷爷来了，在小泉家住了好些天。早上，爷爷和爸爸戴着眼镜看报纸，睡眼惺忪的小泉坐在沙发上观察他们。一会儿，妈妈端来了早餐，爷爷和爸爸都放下了报纸，摘下眼镜，爷爷拉着小泉一起吃早餐。

小泉看着放在桌上的两副眼镜，心里痒痒的，想知道它们有什么不同。小泉匆匆吃了两口，就溜下了桌子，拿着两副眼镜在沙发上摆弄了起来。他拿着眼镜放在眼前看来看去，他先戴上爷爷那副眼镜，感觉眼睛发涨，看着地上都是凹凸不平的，他赶忙摘了下来，地面还是平的。他又戴上了爸爸的眼镜，感觉眼睛有点疼，看旁边的东西好像没有变化，不过看远处比较清楚些。

后来，小泉尝试把两副眼镜叠在一起观察，当他一手拿着爷爷的老花眼镜，一手拿着爸爸的近视眼镜，这样一前一后放在眼睛前面观察时，他发现远处大楼上面的一只鸽子出现在自己的眼前。这一发现让小泉很吃惊，他一个人在客厅大叫起来："爸爸，你快来看哪，我看到了那大楼上的鸽子！"正在忙着打电话的爸爸没好气地说："小声点，别瞎去碰我们的眼镜，弄坏了我可要收拾你。"妈妈责备的眼神也看了过来，小泉默默放下眼镜，走开了。

小泉显露出来的是好奇心，只可惜并没有受到父母的关注，使得其大脑潜能未能达到如期的开发。在日常生活中，父母需要有意识地保护孩子的好奇心，让孩子不断地追寻新奇的知识，在玩中不断学到知识。父母要想孩子的大脑潜能得到充分的开发，最重要的一点就是让孩子保持强烈的好奇心。

当孩子遇到不懂的问题，或看到不理解的现象时，孩子心里就会出现像案例中小泉那样"心痒痒"的感觉，这就说明他具备了强烈的好奇心。一个孩子的好奇心达到了强烈的程度，他会在问题没有得到解答之前，吃不香饭，睡不着觉，一直到弄清问题为止。因此，对于父母来说，培养孩子的好奇心，让孩子永远保持一颗好奇心，就要有意识地引导孩子对新事物产生浓厚的兴趣，并且在这一过程中切忌打击孩子的积极性。

小贴士

1.耐心聆听孩子的问题

虽然孩子已经进入学校学习，他们可能掌握了一定的知识，但他们仍然会产生许多问题，"爸爸，太阳落下去天就黑了？""为什么飞机能飞翔？"几乎每位父母都会遇到孩子这样的问题。这些在父母看来很平常的事物，在孩子看来却充满了神秘，他们非常好奇，渴望得到答案。好奇心是孩子比较好的素质，作为父母应该予以很好的保护，尤其要耐心地倾听孩子的问题。

有的父母在面对孩子这样幼稚的问题就会表现得很不耐烦，或者随便敷衍一下。其实，这时候孩子的自由意识已经开始萌芽了，他们也有自尊心，能感受到父母这种不耐烦的态度，这会使孩子的自尊心受到伤害，下次再遇到不明白的他就不会向父母发问了。在这样的情况下，大多数孩子的好奇心就被父母那种不耐烦的态度给无情扼杀了。所以，无论孩子问的问题有多幼稚，父母都要耐心倾听，以认真的态度来对待孩子的提问。

2.有意识地引导孩子的好奇心

父母保护孩子好奇心的方法不同也会导致不同的差异，有的父母直接告诉孩子正确答案，以为这样就满足了孩子的好奇心心理，其实，这样直接获得的答案让孩子很快就忘记了，而且他们逐渐在这种过程中失去了好奇心带来的乐趣。若父母不直接告诉答案，而是积极引导孩子，让孩子主动通过探索来获得知识，在鼓励孩子建立自信的同时，给予适当的帮助，这样不但引发了孩子的好奇心，还会引导孩子积极地思考。

3.与孩子共同体验快乐的"探索"

有的父母总是抱怨，孩子特别能"搞破坏"，常常把家里的东西拆了。其实，这就是孩子因为好奇心对事物进行的探索过程，作为父母应该正确地引导孩子，让孩子明白他的"好奇心"所带来的影响，可以鼓励孩子将破坏的东西拼装起来，还可以和孩子研究事物的结构，引导孩子积极思考，这样既满足了孩子的好奇心，又让他在快乐探索中获得学习的乐趣。

好奇心是孩子学习和成长的前提条件，父母应该以孩子的视角去看待他们的行为，保护孩子的好奇心，给孩子一定的空间去探索，给予孩子鼓励与支持，让孩子感受好奇心带来的乐趣与知识。

独立思考让孩子一生受用

　　独立思考是积极主动地思考，而且还具备新颖性、创新性的特点，这应该是每一个孩子必备的能力。那些不能独立思考的孩子，就没有独立性，有的父母不想让孩子吃苦，任何事情都包办，不鼓励孩子去独立思考，导致了孩子离不开父母。其实，这样的父母应该好好反思，这样长此以往，孩子就会形成性格脆弱的特点。作为父母，要培养孩子独立思考的习惯，父母需要提供机会让孩子自己去思考，让孩子在独立思考中获取答案，并且培养起明辨是非的能力。

　　孩子有一定独立思考的能力是思维发展的重要特征，一些孩子经常会说"爸爸，我不知道怎么说""妈妈，你说我该怎么办""爸爸，你去替我做嘛"。孩子在遇到困难的时候，本能的想法就是想依靠父母的帮助，帮助他们思考，帮助他们做判断。这时候，父母可以用日常生活中的具体问题，给孩子提供一个学会独立思考的机会，让孩子自己面对问题，并想出解决问题的方法。

　　思考就像播种一样，播种越勤，收获也就越丰。一个善于独立思考的孩子一定能品尝到清甜的果实，享受到丰收的喜悦。爱因斯坦说："学会独立思考和独立判断比获得知识更重要。"他还说："不下决心培养思考习惯的人，便失去了生活的最大乐趣。"父母要有意识地培养孩子独立思考的习惯，慢慢引导孩子主动发现问题、思考问题，进而在思考中解决问题。如果父母为孩子把什么都安排得十分妥帖周到，从来不鼓励孩子独立思考，这样下去就会渐渐地扼杀孩子的思考能力。所以，父母可以用下面一些方法培养孩子独立思考的能力。

小贴士

1. 创造独立思考的环境

父母不能因为孩子太小还需要自己的照顾就把孩子当成附属品，并且在各方面都支配孩子的言行。其实，孩子也有自己的思考模式，他们也有自己的世界、自己的空间。若孩子有什么特别奇怪的想法，父母也要允许孩子这些想法的存在，并积极加以引导，给孩子一个独立思考的机会。父母可以与孩子一起逛动物园、科技馆，和孩子一起阅读故事书或者看电视，然后让孩子思考"你看到了什么""你听到了什么"，引导孩子思考事物本身之外的问题，并从思考中获得答案。

例如，有的父母就会通过朗读简单的故事来引导孩子思考问题，他先让孩子读一篇故事，然后和孩子一起讨论，由此引发孩子联想出一连串问题。很快，这个孩子就表现出了远胜于同龄孩子的思考能力。这样为孩子创造出思考的氛围，帮助孩子提高独立思考的能力，使孩子在以后的学习中受益匪浅。

2. 让孩子学会独立思考

父母在与孩子的相处过程中，要以商量的口气讨论，多留给孩子自己思考的空间，为孩子提供一个提出自己想法的机会，父母可以依据谈话的内容向孩子发问"你觉得这是怎么样的""如果是你，你会怎么样去做""对这件事，你是怎么想的"。这样提出一些问题，引起孩子的思考，诱导孩子逐步展开思考。若孩子长时间处于思考中，父母也不要着急，应该给孩子留足够多的思考时间，也不要直接把答案告诉他们。即便是孩子答错了，父母也不要加以责备，应该帮助他们思考，引导他们去发现和纠正自己的错误。

3.鼓励孩子大胆发问

有人曾经问大哲学家穆尔谁是他最得意的学生，穆尔毫不犹豫地回答："是维特根斯坦。""为什么？""因为在我所有的学生中，只有他一个人在听我讲课的时候，老是露出迷茫的神色，老是有一大堆的问题。"后来，维特根斯坦的名气超过了罗素，当有人问穆尔罗素为什么会落伍时，穆尔坦率地说："因为他已经没有问题了。"由此可见孩子的大胆提问有多重要，这样表明孩子是在积极思考的，鼓励提问是智力教育的一种重要方法。父母应该鼓励孩子大胆提问，他们问得越多，知道得越多，就越能刺激孩子的独立思考能力。

4.给孩子独自思考的机会

孔子说过："学而不思则罔。"这是学习与思考的关系，也说明了思考对于学习的重要性。好奇心是孩子的天性，他们会不断地问"为什么"，这时候需要父母正确引导，不要压抑孩子的好奇心，这样他的求知欲就越来越旺，进而提高了独立思考的能力。

有的父母抱怨自己的孩子不喜欢动脑筋，不喜欢思考，这时候，父母应该问自己，在孩子的成长过程中，你有没有给孩子独立思考的机会？当孩子因为好奇心提出问题的时候，父母不要急于把正确答案告诉孩子，而是引导孩子积极思考探索，在思考中自己找出答案，有意识地培养孩子独立思考的能力。

启发孩子的想象力

19世纪，荷兰著名化学家范特霍夫曾就"想象"这种才能对许多科学家做了调查研究，发现他们中间最杰出的人都具有高度的想象力。而对于孩子来说，想象力的培养以及创造力的开发，是其成长过程中不可缺少的一个步骤，也是父母不容忽视的家庭教育。想象是科学发现和创造的萌芽，也是孩子走上成才之路的开始。正在成长中的孩子喜欢思考，有着强烈的求知欲，他们对于新鲜特别的东西总是抱有浓厚的兴趣，这时候，父母需要有意识地培养孩子的想象力，点燃他们心中想象的火炬，让孩子展开想象的翅膀，在未来的成长天地中自由翱翔。

乐乐小时候，妈妈已经给他讲过《灰姑娘》的童话故事了，乐乐太喜欢这样的童话故事了，这会儿，他又把那本书翻了出来，自己一个人看了起来。妈妈看着乐乐在看书，忍不住也凑了上去，两人一起看。"最后王子和灰姑娘幸福地生活在一起。"乐乐大声念出了最后的结局，妈妈突然想到了问题："乐乐，这个故事看好几遍了，妈妈问你几个问题啊！""问吧，妈妈，我一定能回答上来。"乐乐信心满满地拍着自己的胸脯，妈妈发问了："如果在午夜12点，灰姑娘没有及时跳上南瓜马车，会有什么情况发生呢？"乐乐有些语塞："这……这……"妈妈看见乐乐吞吞吐吐，看来孩子确实缺乏想象力。

伟大的科学家爱因斯坦曾说过："想象力比知识更重要，因为知识是有限的，而想象力概括着世界上的一切，推动着进步，并且是知识进化的源泉。"有的父母在给孩子讲完故事后向孩子提问，实际上这就是有意识地锻炼孩子的想象力，让孩子展开想象的翅膀。想象是智慧的翅膀，是创造的灵光，因而，想象力在孩子的智力发育中占据着极其重要的位置。

小贴士

1.让孩子多问问题

孩子们总是睁着好奇的眼睛，带着求知的欲望，仔细观察着周围的一切事物，他们会不知疲倦地向父母问一些稀奇古怪的问题。其实，在这个年龄阶段的学生，总是喜欢刨根问底，他们所问的内容比较广泛，有时候甚至让父母哑口无言。有的父母被孩子问得很烦，就没好气地说："就你事儿多，哪来这么多为什么！""小孩子懂什么！"这样孩子创造力、想象力就在无形中被父母扼杀了。

这时候，父母要认真面对孩子提出的问题，进行积极引导，即便是太荒谬的问题，父母也要正确引导，让孩子明白到底是怎样的。孩子有时候会提出很古怪的问题，父母不要加以责备，要明白古怪的问题来源于孩子丰富的想象力。面对一些新鲜事物，父母应该鼓励孩子多提问，让孩子展开想象的翅膀，让孩子争当"小问号"。

2.鼓励孩子"异想天开"

我们常说的"异想天开"就是一种想象力，在孩子的心灵里，总是能映现出一个五彩斑斓的世界。孩子听着童话故事，会展开一系列的想象，甚至会说出一些不着边际的话，这时候，父母不要斥责孩子"胡思乱想""胡编乱造""编瞎话"，而应该保护这种想象方式。适当的时候，父母应该鼓励孩子异想天开，为他们营造想象的氛围，诱发他们的想象力。例如，父母在给孩子讲述故事之后，要求孩子自己编故事，让孩子大胆地想象，这样既训练了孩子的语言表达能力，又激发了孩子的想象力。

作为父母，应该耐心认真地对待孩子的异想天开，如有的孩子会说：将来我想发明一种食物，吃一点，可以一年不用吃饭。父母也不要大惊小怪，要让孩子觉得这样的想法是很棒的，让他们享受想象带来的乐趣。

3.开启想象的思路

如果孩子整天坐在家里，想象力再丰富的孩子也会有思维的限制，这时候父母要帮助孩子开阔想象的思路。父母可以带着孩子走进社会、走进大自然，拓展孩子的视野，开阔他们的想象思路。五彩斑斓的世界里，千奇百怪的大自然都有利于丰富孩子的思维，激发开阔孩子的想象力。孩子的知识面越广，他们的想象力也就越丰富。

4.鼓励孩子实现梦想

德国的莱特兄弟小时候是一对富有想象力的孩子。一次，兄弟俩在树下玩耍时，抬头看见天上的一轮明月挂在树梢上，于是两人迅速爬上树去摘，但却让树枝把衣服钩破了。他们的父亲见此情况，不但没批评他们，反而耐心诱导他们，最后兄弟俩发明了世界上第一架飞机。所以，孩子的想象并不是不切实际的想象，合理的想象本身就包含着现实的可能性。父母需要帮助孩子提高想象的可能性，只要不是太过奇怪的想象，父母可以加以诱导，让孩子把想象变成现实。

锻炼孩子的耐力和意志

孩子缺乏耐力主要表现在做事缺乏计划，想什么时候去做就什么时候去做，想什么时候放弃就什么时候放弃；做事情经常做到一半就放弃，不知道为什么要坚持下去，也不知道怎样坚持下去。父母作为孩子的领航者，需要引导孩子认识耐力的重要性，并积极地培养孩子坚持不懈的耐力。当然，这是一个循序渐进的过程，也需要父母拿出自己的耐力。耐力对于孩子的成长过程很重要，有时候成功其实往往不过是你比别人耐力强了一点，坚强地支撑了更长时间。

耐力是成功必备的条件之一，父母要想孩子在未来的人生中取得成功，那么，有意识地培养其耐力就是必需的。如何让自己的孩子有耐力呢？孩子不愿意继续完成一件事情，难道打骂就能解决问题吗？作为新时代的父母，必须摒弃落后的"棍棒"教育，坚持不懈去培养孩子的耐力。

小君6岁，是一个爱好广泛的小男孩，他喜欢画画、搭积木、练字、运动、看动画片，不过他经常是画画还没完，就打开电视看动画片，不一会儿，电视还开着，他又跑下楼去跟小伙伴踢球了。虽然他想做很多事情，但结果一件事也没有做好，做事非常盲目，缺乏意志力和目标性，随着性子来，想做什么就做什么，不耐烦了就放弃，从来不会把一件事坚持到底。

坚持不懈地做一件事，需要很大的耐力，孩子的耐力是需要培养的，尤其是对于兴趣很容易转移的小孩子，培养他的耐力更是刻不容缓的事情。现在，许多孩子稍微遇到一点困难就选择放弃，这对于他们未来的人生是极为不利的。因此，培养孩子坚持不懈的耐力应该从小做起。

小贴士

1.以鼓励奖赏为主

如果父母能够为孩子制订可行的目标，他做事自然就会有耐力。例如，当孩子想要某种东西的时候，父母可以要求他先达成一定的目标，当他能够完成这个目标，就把某样东西作为奖品给他。当然，随着孩子年龄的增长，他所想要的目标也越来越高，不再是小时候喜欢的棒棒糖或者玩具，这时候，父母就要以合理的原则来为孩子定下目标，让孩子自己把握努力的成果。例如，孩子想去旅游一次，那么，父母就可以有意识把这一目标当作奖品，让孩子朝着目标完成一个阶段性的任务，可以是一学期的成绩，也可以是学习某种特长。有时候，父母也可以把制订目标的自主权交给孩子，让孩子提出一些要求，那些奖品父母只要觉得合理就可以了。

2.在玩中锻炼耐力

爱玩是孩子的天性，他们往往能长时间地保持玩耍的状态，这其实也是一种耐力。父母应该巧妙地在玩耍中锻炼孩子的耐力，让孩子把游戏当作比赛，以获得成就感来作为奖励。为了让孩子有耐心，父母可以和孩子一起融入到游戏中去，可以在玩的过程中故意出错，让孩子找出错误在哪里，这样孩子就能集中注意力，长时间地专注某一件事。由于专注力是忍耐力的基础，如果培养了孩子的专注力，那他的耐力自然就不会有问题。

3.历练中锻炼耐力

其实，孩子的兴趣越广泛，就越容易磨炼出他的耐力。耐力，实际上就是忍受延迟满足欲望的能力。在欲望未满足前，孩子保持了长久的耐力，没有情绪上的波动，他的耐性自然而然就建立起来了。所以，父母可以安排孩子多参加不同类型的兴趣活动，如果孩子喜欢唱歌跳舞，父母就鼓励他积极参与，孩子在兴趣的激发下往往愿意接受历练并考验自己。当父母尽可能地把这样一个空间和平台提供给孩子时，这就是一个良好的开始。

4.给孩子一个挑战的机会

许多父母认为孩子太小了，一些事情可能难以坚持下去，这也是很正常的。其实，只要父母相信孩子能够做到，并给孩子一个挑战自我的机会，那么孩子就一定有耐力去做到。父母可以选择一些孩子现在做不到，但他们本身有能力做的事情，引导他们去完成，不要随便让孩子轻易地放弃。面对挑战，父母应该与孩子一起制订一个具体的目标，帮助孩子不断地尝试挑战自我，树立进取心。例如，孩子不喜欢运动，才跑步一会儿就停下来了，这时候，父母可以给他制订目标，今天跑多少路程算今天的任务，明天再追加到多少才算完成任务，这样时间长了，孩子就有了足够的耐力。

训练孩子的注意力

"注意力"是指人的心理活动指向和集中于某种事物的能力，用通俗的话说就是"专心"。孩子在面对自己感兴趣的事情，如听广播、看电视时，常常会聚精会神，对身边的人和事都会听而不见、视而不见，这就是一种注意力。培养孩子的注意力，对于促进孩子的脑部发育具有重要的意义，那些注意力集中的孩子，学习效率快，学习质量高；相反，那些注意力不够集中的孩子则作业马虎，做事情粗枝大叶。对于幼小的孩子来说，学习知识并不是最重要的，重要的是养成良好的学习习惯，而稳定持久的注意力则是学习中不可缺少的一方面。

注意力给孩子带来了诸多的意义：当孩子能够把注意力集中在某件事情上的时候，他们就会主动去探索未知的东西，寻求解决问题的办法，继而提高其学习能力；另外，注意力还可以帮助孩子克服散漫的习惯，能够沉着冷静地处理问题，形成稳定的心理素质；孩子注意力集中，就能够深入地思考问题；注意力集中的孩子能够专心做自己的事情，也容易获得成功，增强自己的信心。

孩子放学回家了，妈妈一边收拾屋子一边吩咐孩子完成老师留的家庭作业。孩子嘴上应着："好的，我马上就开始做。"结果他一眼看到茶几上的玩具，就忍不住玩起来。正在厨房忙碌的妈妈说："你开始写作业了吗？"孩子头也不抬："正在写呢。"然后才慢吞吞地拿出作业本，开始写作业。这才开始写一会儿，孩子又从抽屉里拿出零食，吃了起来；一会儿，又打开电视看看动画片……就这样，直到妈妈把饭都做好了，他还没写完作业。

孩子注意力分散，做事马虎，形成这样的现象，一方面是因为此年龄段孩子心智发育不成熟，另一方面是由于家庭环境和父母的教育方式所引起的。例如，父母双方对孩子的教育态度不一致，这也会让孩子无所适从；父母对孩子过分宠爱，缺少行为规范，使孩子养成随心所欲的习惯，因此缺乏了忍耐性和自制力，无法集中注意力；家里无法给孩子提供一个安静的环境，使孩子难以集中注意力。

小贴士

1.营造安静的家庭气氛

要想让孩子集中注意力学习，父母就应该自己安静下来，不要做分散孩子注意力的事情，如看电视时大声议论或大笑，父母也可以认真学习，以让孩子效仿。孩子在学习的时候，不要在旁边唠叨，也不要在孩子学习的房间里接待客人，否则会干扰孩子。在家里时刻保持安静的环境，这样可以让孩子少受外界的干扰，更好地保持注意力，如家里的东西摆放要整齐，孩子的用品和玩具要放在固定的位置。

2.有规律的作息时间

孩子作息不定时、生活无规律，这也是孩子注意力分散的主要原因。父母不应该整天强行要求孩子长时间从事单调枯燥的学习活动，否则必然会造成孩子大脑疲劳而精神分散。父母应该合理制定孩子的作息时间，简单有规律的家庭生活节奏有利于培养孩子的注意力。睡觉、玩耍、学习的时间都应该安排得较为固定，有的孩子注意力容易分散，就需要父母帮助孩子建立规律的生活。

3.以兴趣培养孩子的注意力

孩子对某些事物的兴趣越浓厚，就越容易形成稳定和集中的注意力。父母不要天天把孩子关在房间里学习，适当鼓励孩子多参加感兴趣的活动，让孩子在活动中发掘和发展自己的能力，并借此机会培养孩子的注意力。但是，如果孩子一会儿喜欢做这个，一会儿喜欢做那个，这时候，则需要父母引导孩子专注于一件感兴趣的事情。

4.培养孩子的自我控制能力

孩子在学习中遇到了困难，或者面对不感兴趣的事情，这时候即便是有一些注意力也是不够的，还需要有意识地培养孩子的自我控制能力，使注意力服从于活动的目的和任务。父母可以让孩子在一段时间内专心做一件事，如绘画、练书法等，以此来培养孩子的自制力。

5.适当限制孩子看电视的时间

如果孩子已经习惯了充满声光影的刺激，他们就不容易静下心来看书和学习，特别是喜欢看电视或者玩电子游戏的孩子，即便父母强行要求孩子读书学习，孩子的注意力也不在学习上，而是停留在电视或电子游戏上。所以，父母应适当限制孩子看电视的时间，在日常生活中让孩子多看书、多融入大自然。

6.帮助孩子调整情绪

如果孩子情绪处于悲伤、疲惫或者生病，身心状态都不佳，是很难集中注意力的。此时父母要帮助孩子调整情绪，给予孩子关怀，而不是盲目地强迫要求。当孩子保持了心情愉快，他就更容易专心致志地做事情。

如何让孩子在玩耍中学习

如今，越来越流行一个新词汇，那就是"玩中学"，以前绝大多数父母认为娱乐和学习是矛盾的，但现在却把两者结合起来，以增加学习的趣味性，减少学习的枯燥感，这样也更易于孩子接受新知识。"玩中学"就是指孩子在玩耍中娱乐中进行学习，既能让孩子玩得尽兴，同时也能让孩子学习新的知识。

童童刚上小学一年级，才从以玩耍为主的幼儿园过渡到有规律的小学生活，他显得非常不习惯，上课依然东张西望，不是跟前后桌的同学使劲讲话，就是一个人自顾自地走出教室，完全没把老师看在眼里。

没几天，童童感冒了，在家休息了两天。妈妈带着童童去打针，对他说："宝贝，你早点好起来，就能去见同学们了。"没想到，童童听了这样的话，赶紧说："不，我要生病，我不想上学。"

有的父母总是忙着给孩子报各种补习班，尤其是在假期的时候，父母更是把一周的时间排得满满的：周一语文，周二数学，周三英语，周四美术，周五舞蹈，周六钢琴，周日总复习。这样的做法对于孩子来说，简直就是关在了密不透风的"牢笼"，学习的压力压得他们快喘不过气来。爱玩是孩子的天性，如果父母压抑了孩子的天性，就会挫伤他们对学习的热情。怎样让孩子既能快乐地放松又能学到新知识呢？这就需要父母为孩子安排科学的学习计划，做到玩中学、学中玩。

小贴士

1.以孩子的兴趣为主

父母要以孩子的兴趣为主，征询孩子的意见，尽可能地满足孩子的兴趣爱好。有的孩子想学画画，他认为画画就是很有趣的事情，那么父母就要给孩子留出画画的时间，让孩子在玩中学，孩子就会对绘画中的线条、颜色敏感起来；有的孩子喜欢学游泳，父母就尽量安排时间去陪伴孩子，并且相应地把游泳中的安全知识告诉孩子。父母不要让孩子去做他自己并不想做的事情，让孩子去学不想学的东西，否则只会浪费时间和金钱，收不到效果的。

2.寓教于乐

在课余时间，需要预习新的知识，这时就需要父母帮助孩子把课本上那些枯燥的知识转变成有趣的生活知识。例如，豆豆所做的实验，只需要用生活中简单的工具就能解释出"火山爆发"和"浮力"的原理。这样，孩子先把结论记住了，父母再讲原理就好懂多了。孩子在"寓教于乐"中体验到了乐趣，就会提高学习兴趣。

另外，父母也可以带着孩子一起参加"环保嘉年华"这样类似的活动，里面设置了"森林警察""净化土地""天鹅回来""环保超人"等寓教于乐的互动游戏，最适合父母带着孩子参加。游戏对于孩子来说是很大的诱惑，而且还能在游戏的过程中不知不觉中学习新的知识，这也是做父母的最大心愿。

3.生活中有趣的知识

在假期或者周末，父母也可以带着孩子出去，一方面可以让孩子放松心情，开阔视野，另一方面，也可以让孩子在玩耍中学到更多有趣的生活知识。例如，一家人出去玩，妈妈可以让爸爸先走，过30分钟妈妈再和孩子一起走，在路上，妈妈就可以出一道数学应用题了。这样学习和生活是紧密相连的，孩子就会乐于去开动脑筋寻找答案了。例如，妈妈带着孩子一起过马路的时候，马路上车很多，一辆挨着一辆，妈妈就可以让孩子用一个词语来形容这景象，妈妈也可以小心提示"车水马龙"，并解释这个词语的意思，这时候孩子身临其境，就会记住一个新词汇。有的孩子有许多小汽车这样的玩具，爸爸可以和孩子一起玩这个游戏，并且不失时机地告诉孩子一些交通方面的安全知识。

这样一来，孩子就在玩耍中学到了新的知识，而且他们会把这些印象深刻的新知识牢牢地记住。当然，无论是玩中学还是学中玩，父母都应该积极引导孩子更多学习新的知识，而不是纯粹地玩耍，否则就有点本末倒置了，也收不到良好的效果。

第 08 章
叛逆敏感期,理解孩子内心的执拗

叛逆敏感期是孩子的一个心理过渡期,他的独立意识和自我意识逐渐增强,迫切希望摆脱父母无微不至的管护。他们反对父母把自己当小孩,而以小大人自居。甚至为了表现自己的不平凡,他们对任何事物都倾向于批判的态度。

孩子叛逆敏感期特点

科学研究表明：孩子的逆反期通常分为三个阶段：2~3岁的宝宝逆反期，6~8岁儿童逆反期，14~16岁青春逆反期。前两个阶段逆反期的孩子通常会有这样的一些典型的表现：破坏性强，喜欢摔东西、拆玩具、乱写乱画、撕书，或故意把玩具丢得满地都是；坚持要某一件东西，即便是外表相同的也不要；坚持要穿某件衣服某双鞋，即便不符合季节；想要做的事情坚决要做到，否则就大哭大闹；在公共场合坐地耍赖、打人；父母要求的事情偏偏不做，越是禁止做的事情越要做；不理睬父母，宁愿自己玩，也不和父母一起玩；故意破坏之前定好的规矩；层出不穷地提出新的要求；和父母讲条件，要达到要求才肯做事；和别的小朋友玩耍时，争抢同一件玩具；不愿意和别人分享玩具，又喜欢抢别人玩具，严重时还打人。

去逛超市之前，妈妈跟宝贝约定好：只买一样东西。当时宝贝也很乖地点点头，表示："我一定遵守约定。"没想到到了超市，看见满目琳琅的商品，宝贝摸摸这个，闻闻那个，嘴里直嚷着："我要这个。""妈妈，我要那个。""哇，这个好棒，我要买。"妈妈笑着说："宝贝，刚才出门前我们不是约定好，只买一样东西吗？你可要做一个说话算数的乖孩子哟。"宝贝翘着嘴巴，不高兴地说："不管，不管，我就要买。"妈妈耐心安抚："宝贝，听话。"宝贝开始哭闹："我不要听话，我要玩具，我要买好吃的……呜呜呜。"留下一脸无措的妈妈。

孩子产生自我意识后，必然会对"我"的能力产生好奇。所以孩子会通过各种方式探索自己可以做什么，自己会对别人产生什么影响。由于破坏比建设更容易，孩子缺乏能力，所以他们通常是通过破坏行为来判断自己的能力。同时，由于孩子语言能力尚不发达，还不懂得通过语言来社交，所以这一时期的孩子在与人交往中会有一定程度的攻击性行为，而且乐于观察他的攻击所带来的效果。

同时，孩子在自我意识成长的过程中，必将经过一个矛盾的阶段：一方面，孩子渴望独立，摆脱父母的控制；另一方面，在生活上、情感上又对父母有着依赖。这样矛盾的状况会造成孩子比之前更黏父母，担心父母会离开，同时又会不断挑战父母的权威，和父母唱反调。孩子的自我尚未真正建立，在独立和依赖之前来回游离。在孩子未来的成长过程中，这一现象还会不断重复，孩子未来究竟可不可以实现真正的独立，父母的态度是关键。

小贴士

1. 耐心对待孩子的负面情绪

孩子情绪激动时，父母千万不要和孩子讲道理，当孩子大哭时，父母可以抱着孩子或者到安静的地方，静静地听孩子哭一会儿，让孩子平静；帮助孩子弄清楚为什么哭，是哪一种情绪，伤心还是愤怒；对孩子表示同情和理解；等孩子情绪平静了，提出新的办法转移注意力。

2. 了解孩子叛逆行为的原因与动机

孩子和父母在一起的时间长，和父母最为亲近，要想了解孩子的需求，父母只有平时多注意观察，多学习教育孩子的知识，多和孩子交流。

父母要充分理解孩子要自己尝试、独立表现的要求，尽可能多创造一些条件，让孩子的要求得到适当的或充分的满足。

3.以巧妙方法进行引导

叛逆期的孩子问题较多，父母应按照不同的情况采用不同的方法巧妙引导。例如父母让孩子吃饭，孩子偏不吃。父母可以采用激将法，要求孩子不吃饭，孩子反而拼命要求吃饭；不让孩子关灯，孩子反而要求关灯。不过父母在使用这个方法时语气尽可能真实平静，按照孩子情绪适当调整。

又如孩子到处扔东西吸引父母注意力，这时父母要假装没看见，继续和家人聊天。孩子看见没引起自己想要的效果，自然会停止这样的行为。

4.不能迁就原则问题

叛逆期的孩子一方面不断挑战规则，另一方面又不断追求规则。假如规则混乱，孩子就会缺少安全感。父母在制定规则时要讲科学，规则一旦制定，就必须遵守。不制定超过孩子能力的规则，如要求孩子上课不走神等。尊重孩子的需求，有时孩子只是要求自主行动，如要自己穿衣服、自己吃饭，不应当因为大人怕麻烦而禁止孩子做。

孩子的自私与霸道

心理学家认为，2岁多的孩子常常是"小气鬼"，想从他们的手里要一点东西，是很困难的。因为这个年龄的孩子自我意识开始形成并发展，进入第一反抗期。他们根本不会听父母的话，总是与父母对着干。在他们头脑中有了"我""我的"这一类概念，父母越是让他给别人，或别人越是要，孩子就越是不肯给，他似乎在证明自己的力量。

孩子到了3岁以后开始有了以玩具为媒介进行游戏的兴趣，他们开始有了借别人玩或把玩具借给别人的欲念，因为他们喜欢和朋友一起共同游戏。这时父母要重视培养和教育，克服孩子的利己主义，培养孩子同情和关心别人的高尚情操。

小娜的父母是下岗职工，在街边做了一点小生意，尽管收入微薄，但两人为人热情豪爽，别人有什么困难，他们从来都是热心帮忙，不图回报。夫妻俩年过三十才生了漂亮的小娜，喜不自禁，把小娜捧在手心怕摔了，含在嘴里怕化了。两人省吃俭用，却总是给小娜穿最好的，吃最好的，读最好的学校。

小娜从小就生活得像一个小公主，这让她以为一切都应认自己为中心。所以，同学向她借玩具，她总是说："不要，我怕你给我把玩具摔坏了。"如果她正拿着好吃的东西，遇到有人开口向她要，她也会说："不行，我给你了，那我吃什么呀。"

在一份调查中证实，近年来有36%的孩子滋长了不尊重别人、不关心别人的自私心理，70%的孩子慢慢变得任性。这种情况的出现，大多是孩子在家庭中受几代人的宠爱、保护的结果。每个人都关心孩子，于是便让孩子产生一种理所当然的至高无上的心理。现代社会，孩子已经不自觉地成了家庭的"小皇帝"，时间长了，便形成了自私的性格。这就提醒父母，在把希望和爱倾注于孩子身上的同时，需要防止孩子滋长自私心理。

小贴士

1.不要一切都顺从孩子

孩子处于从本能走向自觉的阶段，是人的心理和性格开始萌芽的重要时期。在这个时期，为孩子创造一种良好的教育环境，对孩子今后的心理和性格的造就具有很大的影响。有的父母只要家中的"小皇帝"发脾气,不论要求是否合理,一切都顺从。孩子要吃什么,父母就做什么;孩子要什么,父母就买什么。在父母的百般呵护下,孩子的自我意识增强,家中一切都必须以他的情绪变化和要求为中心,如达不到要求,他就发脾气,这就是滋长孩子自私观念的温床。

2.引导孩子关心别人

父母自己先要是一个待人热情、关心别人、不自私的人,这样才会在孩子面前有说服力。家庭成员之间,互相体贴、照顾,随时随地嘘寒问暖,从语言到行动让孩子感受到人与人之间的互相关怀。在这个过程中,要让孩子从小学会察言观色,看到别人感情变化,想到别人的心理和愿望,从而愿意做出让步,或者去帮助别人。例如孩子在看电视,爷爷打盹了,妈妈不妨引导孩子:"看看爷爷怎么了?爷爷是不是困了,他要睡觉了,怎么办呢?"让孩子意识到应关电视,让爷爷好好睡觉。

3.精神奖励

许多教育家研究证明:精神鼓励的作用要比物质奖励大得多,效果也好得多,原因就是能避免一些物质奖励带来的弊病。父母对孩子能关心别人,有好东西让大家分享,或做出一定牺牲的举动,要给予肯定、赞许,但不要大惊小怪地予以奖赏。不恰当的物质奖励不利于培养他无私的品格,反而会让孩子为了追求奖赏而去做事,一旦一次没有给奖,下次可能就不做了,这样,反而滋生了孩子的利己主义。

4.让孩子懂得分享

父母在家庭中应制定规矩:有好吃的东西,大家都应该吃。即便是单独给孩子吃的东西,也要求他给大人吃一点。父母在这时若推辞或假装吃,时间长了,孩子会觉得只有他自己应该吃,给父母不过是装装样子,或好玩,一旦父母真的吃了,孩子则会大哭。孩子暴露了他的自私心理,也暴露了家庭中不良习惯带来的影响。

5.让孩子明白对亲人的爱有所回报

父母要让孩子感到自己生活在母爱、父爱或其他爱之中应对亲人有所"回报"。实际上，孩子会主动回报爱他们的人的，愿意送给他们好东西，愿意为他们做事。但是，父母却不珍惜孩子这份可贵的情感，出于好心，不忍要孩子的心爱之物，舍不得孩子去做事。时间长了，孩子这份可贵的情感被磨灭了，这时父母才感叹"孩子太自私"，为时已晚。

6.给孩子出"难题"

对于大一点的孩子，父母可以出难题，如"只有一个苹果，应该怎么办？""水果有大有小，应该怎么办？""其他小朋友要借用你心爱的东西，怎么办？"等等，父母在引导孩子解决这些难题的时候，不要以压制手段破坏了他的情绪，使他产生对抗心理，也不要放任自流，随便他怎么样。而是顺其自然，孩子处理得好，父母应及时表扬、鼓励；若处理不当，父母应该指导，事后与他耐心地谈一谈：为什么不能这样而要那样，为什么这样做不对？让孩子知道尊老爱幼，懂得关心别人。

孩子强烈的逆反心

心理学研究认为，进入逆反期的孩子独立活动的愿望变得越来越强烈，他们觉得自己已经不是小孩子了。他们的心理会呈现矛盾的地方：一方面想摆脱父母，自作主张；另一方面又必须依赖家庭。这个时期的孩子，由于缺乏生活经验，不恰当地理解自尊，强烈要求别人把他们看作成人。

假如这时父母还把他们当成小孩子来看待，对其进行无微不至的关怀，唠叨、啰唆，孩子就会感到厌烦，感觉自尊心受到了伤害，从而萌发出对立的情绪。假如父母在同伴和异性面前管教他们，其"逆反心理"会更强烈，这时父母要巧妙管教。

女儿今年13岁了，最近总是喜欢和我顶嘴，明明无理还要争辩。平时让她干什么事情，总喜欢等我发了脾气才会行动。而且，挂在她嘴边最常的一句话就是："要你管我！"

女儿平时不愿意跟父母交流沟通，处处与父母对立，不是频繁地发脾气、与父母争吵，就是乱扔衣服、不写作业，有时还会逃学、夜不归宿。父母没有两句话，女儿就会摔门而去，或者说："得了，得了，我什么都懂，一天到晚数落什么，我不需要你们管！"在学校与同学关系也不和睦，说话总是尖酸刻薄。老师教育她，嘴皮都说破了，她依然不动声色。父母为此都愁死了，不知道该怎么办。

许多父母经常抱怨孩子越来越不听话了，整天不想回家，不愿意与父母说心里话，做事比较任性。而孩子却说，父母一天到晚唠唠叨叨，规定这不许、那不准，真是讨厌。显然，父母与子女是在对着干。

小贴士

1.冷静面对孩子的逆反心理

通常孩子不太懂得控制自己，当他对父母的管教不服气时，他可能情绪会比较激动，可能会冲父母发脾气，可能会有过激的言语和行为，这时父母千万不要跟着孩子一起着急，要想办法控制孩子的情绪，可以先把事情暂时放一放。孩子顶嘴，父母即便再生气也要保持冷静，控制住自己的情绪，如果孩子一顶嘴就火冒三丈，甚至对孩子拳脚相加。这样做不仅无助于问题的解决，反而会使双方的情绪更加对立，孩子会更加不服气，父母会更生气，这样只会激化矛盾，不利于任何事情的解决。

2.倾听孩子的想法

父母要善于营造聆听气氛，让家里时时刻刻都有一种"聆听气氛"。这样孩子一旦遇到重要事情，就会来找父母商量。父母需要抽出时间陪伴孩子，如利用共聚晚餐的机会，留心听孩子说话，让孩子觉得自己备受重视。父母需要做的是顾问、朋友，而不是长者，只是细心倾听，协助抉择，而不插手干预，仅仅是提出建议。

3.对孩子采取温暖的方式

父母不能因为孩子是自己的，想打就打，想骂就骂。这样的教育方式是错误的，效果会适得其反。父母可以换个角度思考，站在孩子的立场教育孩子，处理突发事件。父母应以情感人、以理服人，毕竟孩子一时半会想不通，需要留给他们一些思考的时间。

4.与孩子聊天

当孩子有了逆反的苗头时，要与孩子进行一次亲切的聊天，明确告诉他逆反是一种消极的情绪状态，父母、老师同学都不喜欢，会影响自己的人际交往。长此以往，孩子会变得蛮横无理、胡作非为，不利于自己身心和谐正常发展。父母可以告诉孩子：对孩子的逆反，做父母的有多担心和顾虑，让他感受到他的逆反给身边的人造成的感情负担。

5.批评孩子有技巧

不讲方法、不分场合地批评孩子，孩子犯了一个错误就把他过去的种种错误全都翻出来，随意地贬低和挖苦孩子，教育孩子时连同他的人格一起做出批判，这些是很多父母的通病，也容易引起孩子的逆反。为了减少孩子的对立情绪，父母不能滥用批判，批评孩子前先要弄清事情的原委，分清场合，更不要贬低孩子的人格，批评孩子时要考虑孩子的情绪。而且，好孩子都是夸出来的，对孩子要多些表扬、少些责怪，经常想想孩子的长处，关注孩子的点滴进步，寻找孩子身上的闪光点。这样一来，孩子平时受到的表扬和鼓励多了，犯错误也容易接受父母的批评。

6.父母教育方式要保持一致

面对孩子的教育问题，父母要保持一致的思想。不能父亲这样说，母亲又那样说；父亲在严厉地教育孩子，母亲却在一边护短。父母可以先商量一下策略，口径一致后，再与孩子进行交流。

7.尊重孩子独立要求

有的父母出于对孩子的关心，一心一意想让孩子在自己的庇护下长大成人，而孩子开始有强烈的独立自主要求，对父母强压给的想法和观念十分不满，从而产生逆反心理，容易与父母产生冲突。对于孩子的合理意见，父母要尊重，不要对孩子发号施令，以免让孩子产生抵触心理，对孩子尽可能地用商量的口吻，多说"我认为""我希望"，以此改善孩子与父母的关系，减少孩子的逆反心理。

8.正确"爱"孩子

父母应该意识到，对孩子过分地溺爱，实际上是害了他。父母应对孩子既要爱护又要严格要求，对孩子不合理的要求，不能无原则地迁就。假如孩子的企图第一次得逞，之后就会习惯由着自己的性子来，到时候父母想管教亦是无能为力。当孩子生气时，父母避免大声斥责。这时可以让孩子做一些能吸引他的事情，稳定其情绪，转移其注意力。等到孩子情绪稳定之后，再耐心地教育他。

孩子喜欢"欺负"同伴

有的孩子看起来很喜欢"欺负"同伴，这源于他个性里的领袖型特点。领袖型的孩子坚信所有的事情都应靠自己,很少依赖别人,希望所有人依赖他们。假如他们发现某些人身上有自己看不惯的行为习惯,或是某些人做了他们认为不对的事情,他们就会马上指出来,完全不考虑具体的情况和周围的环境,也很少会考虑对方的感受。

当然,孩子的领导才能是各种能力的综合,在他发挥领导才能的过程中,其综合分析能力、创造能力、决策能力、随机应变能力、协调能力、语言表达能力都得到了相应的锻炼。当然,孩子身上所体现出来的领导才能并不同于成人群体中的领导才能。在孩子身上,并没有体现出过多的权力因素,而是更多的自信和成就感。一个孩子如果具备了一定的领导能力,那么他在交往、应变、语言表达能力等方面都会远远超过同龄的孩子,这样他身边的其他孩子就会对其产生一种亲切感、信赖感和佩服感。

小坤从小就是一个孩子王,他好像天生就对权力特别着迷,而且永远是精力充沛。在与身边的孩子相处时,小坤的支配欲就开始蠢蠢欲动,恨不得把周围的小朋友都收在自己的麾下,总是指挥他们:"小胖,这次捉迷藏你负责来抓我们,不要偷看啊。""花花,你把我们的衣服拿着,别丢地上了,弄脏了。""妈妈,快帮我把牙膏挤好。"……而且在与小伙伴相处时,他好像不会考虑其他小朋友的感受。所以,经常有其他小朋友向小坤妈妈告状:"阿姨,小坤欺负我,呜呜……"每每到这时候,妈妈就特别无奈,该怎么办呢?

小坤是典型的领袖型孩子,在他们幼小的心里总以为自己是蜘蛛侠,是拯救全人类的勇士。这种性格的孩子对权力特别着迷,在他们看来只要自己掌控整个局面,就能获得安全感和成就感。平时生活中,他们总是精力充沛,而且难以屈服于别人,在他们看来向其他孩子低头,那就是放弃自己的权利或需要的东西。当然,这会导致他们严重的自我膨胀,有时难免会伤害到其他孩子。

领导才能对孩子未来发展有极大的帮助，一个习惯于做孩子王的孩子，他能在未来的人生中扮演独当一面的的角色，甚至带领自己的团队，因为他过早地接触了领导才能的方方面面。另外，对孩子当下的表现也有很大的帮助，那些具有领导才能的孩子往往担任学习上的领导者，如班长、中队长之类的职务。而且，他们在课余活动中表现出来的领导才能，比智力或学习成绩更能准确地预测他们将来的成就。

假如孩子具备领袖型性格，或者其领袖型的气质崭露头角，父母则应该予以正确的引导。若孩子没有这样的性格特征，父母也可以通过有效的办法培养其领导才能。

小贴士

1.培养孩子的沟通能力

领导者总是吩咐别人来做事，这就需要领导者具有比常人更优秀的沟通能力。领导者要有理解别人的能力，与人沟通，协调同伴之间的矛盾和冲突，解决发生在内部的分歧，让大家都朝着一个方向努力，这样，领导者才能赢得别人的尊敬。所以，在日常生活中，父母需要培养孩子的沟通能力，在家庭活动中，培养孩子小主人的意识，让孩子懂得理解别人、团结别人，培养与别人沟通的能力。

2.培养孩子的自信心

大多数孩子都有一定的依赖性，这其实是他们丧失自信的一个重要原因。孩子缺乏自信，因而总不敢单独去完成一些任务。父母吩咐孩子去完成一件事情的时候，要学会鼓励孩子："我知道你一定能做得到的。"如果孩子取得了成功，父母要给予夸奖："你果然做到了，真了不起。"当孩子听到了这样的话，自信心就会大增。孩子对自己的能力充满了自信，他就能够独立思考、独立行动，尤其是当孩子参与同龄孩子的活动时，他就会敢于参加，而且有一种必须成功的劲头。孩子有了一定的自信心，他就会有自信去领导自己的团队。

3.培养孩子的责任意识

领导者是有一定的责任意识的，他会对自己团队的成功与失败负责。对于孩子来说，他的责任意识就表现在他对自己、对他人以及日常生活中各种事情的态度上。为了培养孩子的责任意识，父母不仅仅要求孩子自己的事情自己去做，还需要让孩子懂得对自己的言行负责。例如，当他要去做一件事情的时候，父母应要求他必须认真完成，且指出这是一种负责的表现。

4.培养孩子决策能力和创新能力

父母常常认为孩子是没有想法的附属品，其实，孩子也能够感受到"自我"和"自我存在"，他们也经常为"什么都得听父母的"而烦恼。在这样一种有着强烈自我意识的心态下，孩子渴望独立行动并开始了决策。所以，随着孩子年龄的增长，父母要摒弃事事包办的习惯，尊重孩子的兴趣选择、价值判断等各方面的权利，给予孩子最大的信任，指导并帮助孩子独立自主地发展。

创新能力是一个领导者不可缺乏的素质，其实，创新能力隐藏在每一个孩子的身上，即便是年龄很小的孩子，他也有一定的创造力。这时候，父母应以奖赏的方式呵护孩子的好奇心，激发他内心的探索欲望，这有助于培养孩子的创造性思维能力，也可以不断地增强孩子的自信心。

孩子在学校不受同学欢迎

现代社会，许多家庭都是独生子女，在这样的情况下，许多孩子养成了"凡事以自我为中心"的个性。而这恰恰是严重影响孩子与他人人际交往的心理障碍。以自我为中心的孩子总是强调自己的需要和兴趣，只关心自己的感觉，而不关心别人的利益得失。这样的孩子大多有很强的自尊心，不愿意别人超过自己，对别人的成绩非常嫉妒，对别人的失败则幸灾乐祸。

在与别人谈话的时候，总是谈着"自己""我"，不愿意听别人的情况，而这样的性格特点都是源于父母的宠溺。许多父母认为，孩子只有一个，好的东西都给孩子，宁愿自己吃苦也不愿意孩子吃苦。综上所述，这样一些个性的孩子在学校大多是没什么人缘的，对此，作为父母，应该反省自己的家庭教育方式，及时做出调整，才能帮助孩子冲破"社交障碍"。

张妈妈说："我们一直很疼爱小洁，经常买漂亮的衣服和最好的玩具给她。不过，因为工作忙碌，陪伴小洁的时间很少。她总是一个人在家看电视、玩玩具。上了中学后，她不太懂得如何跟同学说话相处，也不知道如何与人分享，同学们都看她漂亮，东西用得好，以为她很骄傲，不想和她来往，不愿意跟她做朋友。时间长了，小洁越来越害羞，甚至讨厌上学。"

孩子为什么没人缘？妈妈的叙述中，我们不难发现，孩子交际能力差，大部分原因在于父母。小洁的父母工作忙，没有时间照顾她，虽然父母认为自己比较疼爱孩子，但是疼孩子并不是给他买东西，而是关心孩子心里在想什么。小洁在这样家庭环境下长大，交际能力肯定好不到哪里去。

父母要有意识地锻炼孩子与人交往的能力，让孩子与同学、朋友一起玩，逐渐培养谦让、忍耐、协作的能力。若孩子总是与父母在一起，备受宠爱，养成霸道、以自我为中心的个性，以后进入社会就不能很好地与人相处了。

小贴士

1.少批评，多赏识

许多孩子在学校没人缘，并不是他不被同学们所接纳，而是他自己不愿意与人交往，内心很自卑。而造成这样的原因是多方面的，可能他自身条件不怎么样，可能他成绩不好，等等。但面对孩子这样的情况，许多父母却只问成绩，若是考差了就批评、打骂教育。结果，孩子越来越自卑。对于孩子，父母要少批评、多赏识，关注孩子的优点，如"我觉得你写的文章很优美"，增强孩子的自信心。当孩子对自己充满信心之后，他自然会愿意与人交往。

2.让孩子走出家庭

在家庭里，父母与孩子的关系多少存在一定的"不对等性"，父母有什么好吃的都留给孩子，宁愿自己省一点，也不能亏了孩子。但是，走出家庭，孩子与同龄人相处，那是完全对等的关系。同龄的孩子在一起玩，机会是均等的，大家都遵守共同的游戏规则，这会让孩子学会平等对人，学会理解别人的困难和心情。

第09章
习惯敏感期，让孩子养成良好习惯

俗话说："三岁看小，七岁看老。"孩子处于习惯的敏感期，就需要父母有意识地引导他们养成良好的习惯。行为日久会成习惯，习惯日久成性格，性格日久成命运。一个好习惯的养成对孩子来说，是一生受益的。

让孩子养成勤俭节约的好习惯

爱默生曾经说："节俭是你一生中食用不完的美丽宴席。"但在我们身边，有着太多这样的声音："这个玩具太旧了，扔了！""我要买汽车、遥控飞机，我要买很多很多玩具。""我觉得衣服太少了，我要买很多很多新衣服。"孩子虽然还很小，但花钱如流水的习惯已经养成了。其实，作为父母，应该明白即使生活富裕了也不能丢了"勤俭节约"这个传家宝。

乐乐爸爸妈妈收入颇丰，生活在这样一个家庭里，乐乐可谓是衣食无忧。当然，爸爸妈妈希望把最好的东西给乐乐，所以每次给乐乐买东西从来都是眉头不皱。乐乐一两岁就自己选鞋子，一双小鞋子几百元，妈妈也是当场买下来给孩子换上。爸爸更是宠爱他，每次出差不是带品牌服饰，就是捎回最新玩具。

在这样家庭里成长的乐乐，娇生惯养，稍有不顺他的意就发脾气。衣服必须穿名牌，不是名牌的衣服统统扔了；吃的也是最好的，普通的食物根本不吃；每年都要求出去旅游，如果父母不去，他就选择绝食。

实际上，让孩子从小养成勤俭节约的习惯是很重要的，问题并不在于有没有钱给孩子花，而是要让孩子懂得钱来得不容易，应该用在刀刃上，而不是过度地挥霍，否则只会培养败家子。

随着社会的不断进步，人们的经济生活水平也日益提升，继而提高了消费意识。其中，孩子成为社会消费的主力军，他们的消费水平在不断地上涨，没有限制地攀比浪费现象层出不穷。现在，大多数孩子都是独生子女，被父母视为"掌上明珠""小皇帝"，父母的过分宠爱对孩子的身心发展会形成一种消极影响。尤其是助长了孩子浪费的不良习惯，使孩子勤俭节约的意识薄弱，许多孩子都存在不珍惜劳动成果、不爱护公物、铺张浪费等不良习惯，为此必须引起每一位父母的重视。

那么，如何培养孩子勤俭节约的习惯呢？

小贴士

1.培养孩子勤俭节约的意识

父母可以通过讲一些故事教育和引导孩子从小就要勤俭节约，不贪图享乐，不爱慕虚荣。在家里经济条件许可的情况下，吃得好一点、穿好一点是可以的，生活和学习的环境舒适一点也是可以的，但不能让孩子忘记了勤俭节约。父母要教会孩子量入为出，给孩子讲勤俭持家的道理，使孩子懂得一粒米、一滴水都是辛勤劳动而来的。衣食住行也是父母花力气挣来的，培养孩子勤俭节约的意识，这也是塑造孩子良好品德的开端。

2.父母要做好榜样

要想孩子养成勤俭节约的习惯，父母自身就要勤俭节约，如果做父母的花钱也是大手大脚的，那孩子爱浪费就不足为怪了。喜欢模仿是孩子的特点，孩子的许多行为都是从模仿开始的。父母是孩子的第一任老师，你的一言一行、一举一动都对孩子性格、品德的发展产品潜移默化的作用。父母在平时的生活中要勤俭节约，为孩子做好榜样，如随手关灯、不浪费自来水、爱惜粮食等，以自己良好的行为举止作为表率，去感染孩子，使孩子真正地养成勤俭节约的良好行为习惯。

3.让孩子体验劳动

父母可以引导孩子进行一些力所能及的劳动，通过劳动来收获来之不易的果实。如在农忙的时候，父母可以带着孩子一起去拾稻穗，使他们理解什么是"谁知盘中餐，粒粒皆辛苦"。继而培养孩子热情劳动、勤俭节约的习惯。另外，父母可以让孩子收集家里的旧物品，卖掉的钱可以存起来，然后捐助给那些贫穷的孩子。那些使用过的东西可以重复使用，如用易拉罐做一个花篮，这样既让孩子体验了劳动，也可以培养孩子勤俭节约的习惯。

4.引导孩子合理利用金钱

父母一般都有给孩子零花钱的习惯，但给孩子零花钱要有计划，适当地限制数额，不要有求必应，应该依据孩子的大小、实际用途和支配能力来给予。另外，引导孩子学会记账，设计一本"零花钱记录本"将自己的零花钱的去处进行记录，父母还可以与孩子一起讨论，哪些钱是该花的，哪些钱是没有必要花的，让孩子明白钱要花在刀刃上。

提高孩子的做事效率

大多数父母都会面临一个很烦恼的问题，那就是孩子做事拖拖拉拉，一件事要说很多遍，孩子才会去做，或者说好几遍还是无动于衷。孩子做事拖拉的原因是什么呢？

心理学家认为，现代孩子所受到的溺爱是非常严重的，不管孩子做什么事情，都有父母帮忙。父母都心疼孩子，总是希望能够给孩子最宽松的环境，让孩子没有压力地生活，但在父母全权操办的情况下，孩子会越来越依赖父母，在遇到任何事情的时候，第一时间想到的也是父母去做，假如非要自己解决，他们就会采用拖拉的方式。

当然，有的孩子拖拉并不是故意的，而是对所要做的事情不熟悉，他们害怕，试图通过拖拉的方式来逃避，类似于写作业、穿衣服、使用筷子等，都容易让孩子产生抗拒心理。而且，孩子毕竟是孩子，不会像成年人一样有很强的时间观念。他们在乎的是可以多玩耍一天，由于模糊的时间观念，他们是不会明白"今天的事情必须完成，明天还有明天的事情"的道理的。

林妈妈很是苦恼："我简直受不了我的女儿了！她是不是有什么毛病啊，干什么事情都是磨磨蹭蹭的，原本半小时就能写完的作业，她磨蹭两个小时都写不完，我在旁边看着，真是要抓狂了！"

林妈妈9岁的女儿每天放学回家后，并没有疯跑出去玩，而是乖乖坐在学习桌前，掏出作业本，摆出一副学习的架势。不过没写几个字之后，就跑去喝水；刚坐下，又叫着要吃东西；一会儿摆弄橡皮，一会儿玩铅笔，忙活了半天，作业却没写完。

刚开始林妈妈还会耐心纠正，后来一着急，就开始打骂了。女儿依旧写作业拖拉，林妈妈无奈，只好带着孩子找心理医生咨询。

心理学家也指出，孩子不容易控制自己的注意力，吃饭时看电视；做作业时听到外面有动静，就会跑出去看看；本来想去刷牙，结果看见小猫过来了，就会逗逗小猫。这些行为很容易造成孩子做事拖拉，因此父母要注意随时提醒孩子，把孩子从其他的事情中拉回来。

不过，也有的孩子天生性格安静，做事缓慢，不管遇到什么事情，就是紧张不起来，做事情慢条斯理。眼看时间都快结束了，孩子还是慢吞吞的，急死了父母，孩子却一点也不着急。

小贴士

尽管孩子做事拖拉的原因有很多，不过父母总是要想办法解决这个问题。

1. 规定任务，规定时间

父母可以准备一些简单的问题，规定时间，看在单位时间内孩子可以解决多少问题，敦促孩子提高效率。父母在训练孩子时也要下意识地提高自己的办事效率，然后在自己做事时争取尽快完成。如可以让孩子先试着一分钟写汉字训练和一分钟写数字训练，看孩子一分钟之内到底可写多少汉字、数字，记下来，进行对比，让孩子体会到时间的宝贵。

2. 给孩子自由支配的时间

许多父母喜欢在孩子做完作业后，另外给孩子布置一些任务，为孩子安排得相当紧凑。这时孩子就会看出其中的端倪，就是自己一有空，父母就会布置新的任务。所以孩子的对策是拖延完成任务的时间，在做事的时候边做边玩，既达到了玩的目的，又可以少做作业。这时父母就应该给孩子可以自由支配的时间，事先估计一下孩子完成任务需要多久，其余的时间可以让孩子休息。

3. 完成任务即有奖赏

父母可以从日常生活中要求孩子，如给孩子安排一个任务，规定他在什么时间一定要完成，假如完成了给予什么奖励，相反给予处罚。父母给出任务的时候，要记录自己给他交代任务的时间是几点到几点，假如孩子完成了你就要遵守自己的诺言给予奖励，反之，没完成你一样要遵守自己的诺言给予处罚，这样才能树立自己的威信。

4. 以身作则

父母首先要以身作则，自己做事的时候避免有拖拉的坏习惯。否则你在教育孩子时自己都不能理直气壮，孩子又怎么会听你的教诲呢？父母需要在平时生活中做事有计划、有效率，否则你留给孩子的印象就是拖拉的父母。

5.给孩子制定规划表

父母可以给孩子制定规划表，如早上7至7点10分起床，穿好衣服，刷牙。7点15分至7点30分吃早餐。将孩子一天应该做的事情都规定好，让他去完成，不完成给予处罚，这样孩子就会自动自发地去做了。

让孩子养成主动做事的习惯

许多父母总是抱怨孩子太"懒"了，做什么事情都需要自己提醒，否则他就坐在那里一动不动。其实，出现这样的情况，原因是多方面的：有的孩子是没有养成主动做事的习惯，孩子天性是比较敏感的，他们的注意力和兴趣容易很快转移，不能长久地保持，因而不能很好地去做一件事情，即便是做起事情来也是"有头无尾"，或者毛毛躁躁，他们在写作业的时候，总是一会儿去喝水、一会儿去洗手间、一会儿又在窗户边上看看；有的孩子是受到周围坏境的影响，他们注意力不集中，总是被外界的东西所影响，如玩具、动画片，把注意力转移到另外的事情上去。

孩子很聪明，十分可爱，全家人都很喜欢，不过让爸爸妈妈有一点不满意的就是孩子太"懒"了。妈妈常常这样说他："你就像那癞蛤蟆，我推你一下，你才走一步，从来不会主动向前走。"刚开始听到这句话，孩子很不理解，因为他没有看到过癞蛤蟆。

平时放学回家，总是要爸爸妈妈催促三四遍："该写作业了。""放学了就应该先把作业写了再玩，否则一会儿不许吃饭。""宝贝，快来写作业，别玩了。""乖，听话，赶快来把作业写了。"……最后，孩子总要出去玩几次，才能把作业写完，有时甚至会挨到深夜。对此情况，爸妈很是头疼。

除此之外，孩子之所以会"懒"，在很大程度上也是父母惯出来的。有时候，孩子的事情没有做好，父母发现了，为了省心省事，父母就大包大揽，让孩子失去主动做事情的机会，继而使孩子产生一种依赖感，养成做事需要有人提醒的习惯。

这时候，如果父母不能正确对待，再加上孩子的模仿能力又强，使一些不良行为在孩子身上得以滋生。所以，当父母发现孩子做事缺乏主动性，就应该进行正面教育，加以鼓励，并进行引导，这样就能帮助孩子克服做事毛躁的不良习惯，使孩子养成主动做事的习惯。

小贴士

1.言传身教

父母是孩子的第一任老师，因而，父母教育孩子的最好方式就是言传身教。父母除了鼓励孩子去主动做事情，还需要以实际行动来告诉孩子主动去做事情是一种好习惯，会从中获得许多有益的东西。例如，当孩子做完了一件事情，父母应给予赞赏，并把孩子的成果展示给他自己看，让他获得一种成就感。当父母做好了榜样，给孩子树立起了良好的形象，孩子就会受到积极的影响，继而学会主动去做事情。

2.培养孩子主动做事的习惯

在日常生活中，大多数孩子做事都是毛手毛脚、虎头蛇尾，这时候父母应该制止孩子这种不良行为习惯的养成，进行正面引导，同时也要给予孩子一定的鼓励。当孩子在做一件事情的时候，父母可以帮助他指出明确的目的，对孩子做事的方法给予指导。从日常生活中的一件件小事做起，慢慢地培养孩子主动做事的习惯。

3.促进孩子主动做事的积极性

有时候，孩子做得不是很好，父母就是一顿指责，"做不好就别做了"，这样会打击孩子主动做事的积极性，下一次，他就不会主动去做事了。父母应该鼓励孩子去做事，即便孩子做的事情不是那么令人满意，父母也应该先肯定孩子的成绩，这样可以有效地促进孩子主动做事的积极性。

4.适当地激发孩子

孩子缺乏做事的主动性，父母的态度是很重要的。当孩子有了偷懒的念头，父母应该站在孩子的角度，用鼓励性的语言来激发孩子，向孩子提出一些要求。这样，孩子就会在父母的鼓励下主动去做一些事情，他也会认为主动做事情并没有想象中那么困难。

少立规矩，但一定要遵守

父母应该在家里穿着权威的大衣，给孩子立下规矩。当然，孩子的成长是随意自然的，父母要给孩子设限，但要避免抵触孩子身上的随意自然。父母在教育孩子方面，提供一套基本的标准，简单地说，这是尊敬的底线，这套标准适用于不同年龄阶段的孩子。

俗话说，没有规矩，不成方圆。对军队里的士兵是这样，对孩子来说也是这样。或许，许多中国父母认为给孩子定规矩，他们肯定是难以做到的。但是，只要父母抱着充分的决心，帮助孩子克服最初的惊讶和抗拒，那就真的可以教导孩子改善行为，让他们更尊敬地对待父母。

著名的教育学家蒙台梭利曾说:"父母的规矩应该尽量少立,但立了,就一定要遵守。"父母要让孩子自由成长,不过自由的底线是规矩。或许,父母会认为,孩子还那么小,不愿意守规矩,又能怎么办呢?事实上,孩子会不会守规矩,能不能守规矩,父母是最起决定性作用的人。

感受是伴随行为产生的,与其坐等孩子变得听话,不如父母去培养孩子礼貌的习惯。假如父母每天都跟孩子一起使用有礼貌的措辞,感谢和尊重的感觉就会从孩子的行为中慢慢延伸出来。而且,除了培养良好的态度,措辞和举止也会让孩子更在意自己的行为、责任和别人的辛劳,要求孩子学会说这些话对于教会他们守规矩是一个不错的起点。

小贴士

有时候父母经常会成为错误的榜样。

1.说话不算数的父母

父母经常会抱怨孩子不听话,实际上却是父母自己说话不算数。这样的现象是随处可见的,有时候父母请孩子收玩具,假如孩子不听话,父母发了牢骚之后就只好自己收拾了。有时候跟孩子明明说好在小朋友家里只玩半个小时,到时孩子一哭闹,父母多半会妥协,再多玩一个小时。既然父母从来都是说话不算数,孩子当然会对父母的话充耳不闻了。

对于父母这样的错误方法,父母需要让孩子明白,说话一定要算数。如吃饭这件事,让孩子明白吃饭是一件自己的事情,每天一日三餐需要定点定量,假如孩子一顿不吃,就必须等到下一顿,千万不要稍后用许多零食来充饥。这不但会让孩子体会饿的感觉,而且让孩子明白,假如不吃,就真的会饿肚子。

2.父母控制不了自己的情绪

我们经常会看到父母指责孩子：你怎么就不能安静一会儿听故事呢；像你这样，长大肯定不会好好学习；你这孩子就是坏脾气。甚至有的父母动手打孩子，什么理由都没有。其实父母这样做只是发泄了自己的情绪，孩子则会感到十分委屈，根本不知道父母为什么生气。

对于父母这样的行为，应该有的放矢，就事论事。对于孩子的胡闹，父母应心平气和地制止。父母越平静，教育效果就越好，让孩子服从的应该是父母讲的道理，而不是说话声音的大小。如吃饭这件事，吃饭应该是一件快乐的事情，所以最忌讳的是孩子不吃，却逼着孩子吃。假如孩子几顿都不好好吃饭，却依然没有胃口，那就需要带孩子去看医生。

3.对孩子纵容过度，没什么规矩

有时候，孩子喜欢吃糖果，尽管父母觉得应该适当控制，但孩子一闹，就一块一块地给。孩子喜欢看动画片，父母就一次次纵容，总是延长时间，直到一整部动画片一个半小时全部放完才罢手。实际上，很多时候不是孩子不遵守规定，而是父母心软，不肯给孩子定规矩。

对于这样的情况，必须定规矩。假如孩子不遵守约定，父母可以发出一次警告。假如孩子还是不听，那父母就应该果断地关掉电源，这样的行为或许有些粗暴，不过却是父母说到做到的最佳办法。对于孩子来说，越是他们喜欢的东西，就越是要有节制，从小教孩子懂得自我控制，长大才能自己管住自己，成为一个对自己行为负责的人。

4.避免粗暴地处理问题

经常会听到父母发出这样的抱怨："这孩子，不就一个小脏瓶子吗？丢都丢了，至于哭成这样吗？"或者父母会说："这玩具不好玩，妈妈给你买另外那个。"结果孩子不乐意了，大人又开始抱怨了。实际上孩子有自己的想法和思维方式，父母应该多从孩子的角度考虑问题，这样才能真正地理解孩子心里在想什么。

让孩子养成珍惜时间的习惯

"不要浪费时间""时间也是商品",从小让孩子懂得珍惜时间的道理。时间就是金钱,不过时间远不止是商品和金钱,时间是生活、生命。因为金钱是无限的,时间是有限的,用有限的时间去追逐无限的金钱,结果只能受到时间和金钱的压迫。商品可以继续生产,钱也可以再赚,但是时间是一去不复返的。一个人最不应该的就是浪费宝贵的时间,因为人都只能经历一次时间,而别人的时间更不能随意占用和浪费。所以,时间对于每个人来说都是很重要的。

时间是赚钱的资本,有"升值"的利润,假如一个人可以恰当地把握时间,那就可以让金钱"无中生有"。父母不但自己珍惜时间,而且还教育孩子从小养成珍惜时间的良好习惯。所谓"一寸光阴一寸金,寸金难买寸光阴",时间比金子还宝贵,父母都明白这个道理。不过孩子并不懂得,时间对我们每个人都是平等的,谁有紧迫感,谁珍惜时间,谁勤奋,谁就可以得到时间老人的奖赏。

养成良好的时间观念是一个人做事成功的基本前提,不过这并不意味着全部。特别是对孩子而言,良好的行为习惯是多方面的。父母是孩子的第一任老师,父母的一举一动都对孩子的一些习惯行为起着至关重要的作用。不要因为父母的疏忽,总以为孩子很小,对孩子做事总是不管不问,结果孩子正确的行为缺乏鼓励,错误的行为没有被阻止,时间长了,就形成许多坏习惯。

小贴士

1. 教育孩子提高学习效率

为了提高效率，需要科学地利用大脑。因为用脑时间长了，大脑会变得迟钝。通常让孩子学习1个小时左右，他的大脑就会疲倦，如果这时依然继续学习，学习效率是较差的。所以，父母可以教导孩子交替学习，这样大脑各部分就可以得到轮流休息，从而达到提高学习效率的目的。

2. 教会孩子善于利用时间

对于一些事情，最好是用整体的时间一气呵成。对此父母需要教会孩子善于利用时间，如孩子在计算一道很困难的数学题，假如每天思考一会儿，又去干别的事情，那第二天再来思考的时候，就又会记不住昨天的思路，这样就会很耽误时间。

3. 避免孩子养成磨蹭的习惯

孩子只有在体会到磨蹭会给自己带来损失之后，他们才会自觉地快起来。所以，父母有时可以让孩子为自己的磨蹭付出代价，让他们去品尝磨蹭带来的结果。例如，孩子早晨有赖床的习惯，父母不要着急，也不要去帮他，可以提醒孩子：再不快点可要迟到了。假如孩子依然磨磨蹭蹭，那不妨就让他这样去做，让他亲身体验上学迟到的后果。假如孩子真的上学迟到了，老师肯定会询问他迟到的原因，孩子挨批之后，就会意识到磨蹭给自己带来的害处了。

4. 巧妙利用倒计时

对于孩子来说，有的事情是硬性的任务，必须在某个时间段完成，这就需要父母教孩子利用"倒计时"的方法来安排时间。例如，在1个月之内必须做完的事情，可以算算还有多少天，规定每天做多少，当天没有完成的话，需要及时补上。让孩子明白假如不能按时完成，错过了机会，那就前功尽弃。

5.给孩子适当的压力

缺乏适度的紧张感是很多孩子做事磨蹭的原因之一，因此父母可以在孩子的生活中给予一些适当的压力，让孩子的神经绷紧一些，让他们的生活节奏加快一些。例如，按照孩子的具体情况，可以给孩子的洗漱、穿衣、吃饭和写作业等增加计时活动，做这些事情需要多长时间，事先与孩子一起商量好，然后要求孩子在规定的时间里保证质量完成。

6.让孩子有一个规律的作息时间

孩子心理过程的随意性较强，自我控制能力比较差，经常是一边吃饭一边玩耍。一件事情没有做完，心里已经开始想到另外一件事情了。父母假如不注意引导，就会让孩子养成拖拉的坏习惯。而良好的作息习惯是养成时间观念的前提，父母可以和孩子一起制定一张作息时间表，什么时间起床，洗漱需要多长时间，吃早餐需要多少时间，放学后做什么，几点睡觉，让孩子做出合理的安排，只要将作息时间固定下来，形成习惯，孩子就会对时间有一个明确的认识，养成良好的时间观念。

让孩子学会理财

父母应该引导孩子正确地使用金钱，合理有计划地消费。在目前的中国，独生子女比较多，父母给孩子的零花钱也比较多。父母应该让孩子意识到，对于钱是不能过分贪求的，不过也不应该一分钱也不用，是应该合理消费。每一分钱就是一个教育，父母适当给孩子一些零花钱，让孩子学会正确地花钱，教育孩子钱要用在必要的地方，花得有意义，如引导孩子用来买文具、买书，父母还可以给孩子讲讲那些偏远山区孩子的故事，让孩子明白并不是每个人都可以上学，有的孩子没有父母，也没有漂亮衣服可穿，让孩子懂得关心他人，鼓励孩子把零花钱捐给灾区的小朋友，或是在长辈过生日时买份礼物，这样可以让孩子从合理消费中体味到乐趣。

父母必须让孩子懂得金钱是需要用劳动换来的，如带着孩子在大街上走着，引导孩子注意交警进行交通指挥、小商户叫卖东西、出租车司机开车等劳动形式，告诉孩子这些人都是在工作，只有付出了劳动，才会有金钱的报酬。父母可以让孩子了解自己的工作内容、工作方式等，适当的情况下可以让孩子参加一些劳动。

父母需要让孩子知道金钱的作用，让孩子比较浅显地理解"钱不是万能的，没有钱是万万不行的"道理。父母可以从平时的家庭经济活动中，如买衣服、买菜等，引导孩子有了钱可以满足自己的日常生活所需，有了钱可以有更高层次的消费，还可以用钱帮助别人，如捐款给希望工程等，还可以带孩子参加一些捐款活动，利用这样一些机会引导孩子正确认识金钱。

通过家务劳动来获得报酬，是犹太父母教育子女的传统方式之一。犹太人摩根靠卖鸡蛋和杂货店起家，发家后对子女要求十分严格，规定孩子每个月的零花钱都一定要通过做家务来获得。于是家里的几个孩子抢着干活，最小的孩子因为总是抢不到活，连每天买零食的钱都没有，因此十分节约。摩根对孩子说："你不应在用钱方面节省，而应去想怎么多干活才能多挣钱。"孩子醒悟了，他想了很多干活的主意，零花钱慢慢多了，他懂得了赚钱比省钱更重要的道理。

当然，并不是在家里做每件事情都需要给孩子钱。父母应该让孩子知道，在享受这个家庭带给自己的幸福之外，还应承担对这个家庭的责任和义务，而家务就是自己必须承担的义务之一。

父母可以在生活中教会孩子主动发现一些商机，如引导孩子参加二手交易市场，将孩子自己读过的书籍、报刊带到学校里，几个人开设一个小型的书摊，孩子自己定价、互相侃价，不仅可以将旧书处理掉，而且还可以将处理而来的钱花在其他地方。当然，熟悉金融知识的父母可以鼓励孩子把金钱积累下来，教会孩子储蓄或稳健投资等一些最基本的理财技巧，因为把自己赚来的钱积累下来，同时感受金钱在储蓄户里不断增多，这对孩子来说比较神奇。

父母一定要注重自己的表率作用，在教育孩子的同时，要严格要求自己，做到合理消费，这样才能让孩子更深刻地认识到合理消费的重要性，假如父母说一套做一套，那这样的教育效果是会打折扣的。

或许，许多父母表示疑问：如何教孩子赚钱呢？孩子年龄小就开始教显然比较早，不过等到上学之后，学业负担已经开始加重，每周能休息一天就差不多了，实在想不出有什么时间教孩子赚钱，以及如何教孩子赚钱。但是，犹太人认为，越是这样，孩子的理财教育就越显得迫切而需要。孩子过着衣来伸手、饭来张口的日子，每天向父母要零花钱，这样长时间下去，孩子难以培养独立生活的能力。假如孩子有了赚钱的能力，他就会恰当地分配金钱，而不至于在未来生活中陷入财务困境。

小贴士

在教育孩子理财方面，父母应该这样做。

1.训练孩子有计划地花钱

现代社会的孩子大部分是短暂快感的追求者，通常是父母给多少孩子就花多少，花没了再找大人要。结果孩子是钱越花越多，越觉得不够花，花起钱来更是没有节制。因此，孩子使用零花钱的计划性比较重要，父母可以提出原则，具体内容由孩子负责，父母不要直接干涉，不过需要监督、检查。教孩子使用零花钱是让孩子学会怎么样预算、节约和自己做出消费决定的重要手段。这样做可以防止孩子乱花钱，同时还能培养孩子把钱用在刀刃上的好习惯。

2.零花钱的数额需要有所限制

不管孩子的年龄多大，家庭经济条件怎么样，为孩子花钱都不能没有节制，父母给孩子零用钱不要心中无数、没有计划。零花钱的多少需要有个限制，按照孩子的年龄以及一周的消费预算来确定。例如买零食、日常必需的开销、午餐、车费和买学习必需品的费用，适当增长一些额外的钱以防万一。对于孩子过年时所领取到的零花钱，数额会超出孩子平时零用的金额，父母可以建议孩子将钱存入银行，避免孩子无节制地使用。

3.示范性理智购物

父母给孩子买东西，可以带着孩子一起去，最后通过货比三家，教会孩子买到物美价廉的东西。当然，在这个过程中，父母可以告诉孩子这其中的差价成为可触知的盈利的证据。对于年龄稍大一点的孩子，这样的示范购物可以让他们在自己支配零花钱时更节约。

4.让孩子可以适当开支自己的生活

许多孩子生活在一个非现实的经济世界，因为家里有许多的生活开支没有让他们承担。而等到他们长大之后，他们不得不自己付房租、水电费、买食物和衣服以及交通费，这时则会因缺少经验而束手无策。对此，父母可以让年龄大一点的孩子为自己买日用品，为家里买菜、交电话费等。父母还可以翻开账簿，告诉孩子家里的钱是怎么花的，这样帮助孩子了解该怎样管理家里的财政开支。

第 10 章
入园敏感期,帮助孩子度过磨合期

父母永远是孩子身边最贴心、最直接的领航者,尤其是在孩子入校敏感期。当孩子走进幼儿园,开始集体生活,那意味着他生活习惯的变化,在这个阶段需要父母保驾护航,帮助孩子度过磨合期。

和孩子一起做好上幼儿园的准备

入园是孩子成长过程中的一个新起点，它会引起孩子在生活习惯和学习活动上的一系列变化，孩子能不能适应进入幼儿园之后的变化，这对于他以后的成长来说有着很大的影响。作为父母，应该和孩子一起做好上幼儿园的准备，使他顺利地适应这一阶段的变化。而且，此时的准备并不像购置学习文具那样简单，最重要的是心理上、生活习惯上的准备。

这个周末，妈妈带着孩子去购买文具，一路上孩子满心欢喜："我要买喜羊羊的书包、喜羊羊的文具盒、喜羊羊的铅笔，妈妈，再给我买一套喜羊羊的新衣服吧，这样我就是喜羊羊了。"妈妈笑着点头，在文具店，在妈妈的帮助下，孩子挑选了铅笔、橡皮擦、水杯，在挑选书包的时候，两人发生了冲突，孩子喜欢那毛茸茸的小书包，可妈妈觉得太幼稚了，而且也太小了。

妈妈耐心给孩子讲道理："这个包包太幼稚了，只适合小朋友背着出去玩，不适合上学用，而且你到了学校，老师会发很多书给你，到时候你的包包装不下，人家小朋友就会笑话你了。"妈妈好说歹说，孩子才松口了，另外选了一个印着喜羊羊的书包。

孩子在前不久还是一个天真活泼的小朋友，那时候他只知道玩耍打闹，现在却要进入幼儿园，过一种群体的生活，这对于孩子来说是一种心理上的变化，必须让孩子从心理接受这一事实。

培养孩子的求知欲，孩子天生就有强烈的好奇心，他在面对那些自己不明白的事情时总爱问"为什么？""这是什么？"这时，父母要珍惜孩子的求知欲并因势利导，启发孩子自己动脑筋想一想，必要的时候给予他帮助，满足他的求知心理，这样可以激发他学习的兴趣。另外，父母在平时可以向孩子讲述一些科学家小时候的故事，以及地球以外的世界，等等，当孩子急切地想知道这一些奥秘时，父母就应该告诉他：你上学之后，老师会给你讲明白的，老师还会教给你许多的知识，告诉你许多故事，这样激发他上学的欲望，为其做好心理上的准备。

小贴士

1.冷静对待孩子的不适应阶段

孩子刚上幼儿园，免不了会哭闹、情绪波动，这些都是正常的。可能一些父母很心疼，一看到孩子哭闹就忍不住跑过去安慰，放心不下，老想着去看一看。其实完全没必要，父母越是舍不得，孩子焦虑感会越强，越不容易适应幼儿园。

2.给孩子找个伙伴

如果家附近有小孩在一个幼儿园或一个班的，可以结伴一起去幼儿园。回来后让孩子们一起讨论幼儿园发生的趣事，一来二去孩子就有伙伴了，相互有了依靠也就不会再哭闹了。

3.身体上的准备

上了幼儿园之后，孩子就要独立地学习，接受各种基本技能的训练，每天需要消耗较多的体力，这时候孩子需要健康的身体。父母需要保证孩子充足的营养和休息，防止疾病，使孩子保持身心健康；让孩子养成锻炼身体的习惯,增强体质;让孩子保护好自己的感觉器官,尤其是眼睛和耳朵。另外,父母应该在孩子正式入园前带孩子到医院做一次体格检查,了解孩子的生长发育是否符合各项指标的要求,是否感染了疾病,若真的感染了疾病就必须抓紧时间治疗,以保证孩子健康入园。

4.购置学习用品

父母应该带着孩子一起购买必要的学习用品,在选购学习用品时,父母要建议孩子选择那些美观实用的,尽可能地避免购买那些玩具性的学习用品,以免孩子学习时会注意力不集中。同时,父母应该把各种学习用品的用途、使用和收藏方式告诉孩子,让孩子了解各种学习用具。

5.准备一间书房

若家里有条件应该给孩子准备一间书房,至少让孩子有一个固定的放文具、做功课的地方,购置一个小书架,使孩子在入园开始就能有序地安排学习,完成功课,养成良好的学习习惯。

帮助孩子消除分离焦虑

孩子到了上幼儿园的年龄,便会产生"分离焦虑"症,即孩子因与父母分离而引起的焦虑、不安或不愉快的情绪反应,孩子会出现哭闹不止、焦躁不安、总是想找妈妈等行为。到了孩子上幼儿园时,总会看到许多孩子哭得撕心裂肺,或扯着父母的衣服,或抱着父母不放手,不仅孩子哭,父母眼眶也红了。

面对孩子进入幼儿园上学,父母总是各种担心,各种舍不得……很多父母比孩子更紧张、更焦虑。在这一阶段,孩子从家庭进入幼儿园,由于环境有了很大的改变,所以又被称为"心理断乳期"。

宝宝2岁半了，9月开始上幼儿园。第一天出门前高高兴兴地跟妈妈说："妈妈，我去上学了。"妈妈觉得很欣慰，孩子应该不会哭闹。但是，一到分别的时候，宝宝拽着妈妈的衣角不肯放手，哭喊着："妈妈，我要跟你一起走。"最后妈妈和幼儿园老师好心安慰，宝宝情绪才平复下来，妈妈趁着孩子不注意时偷偷溜了。

宝宝回家之后就开始发脾气、哭闹，第二天说什么也不愿意去幼儿园了，不让家里人提起上幼儿园的事，睡梦中经常哭醒说"不上幼儿园"，妈妈只有安慰他说不去幼儿园才安心睡着。妈妈觉得上幼儿园已经成为宝宝的巨大思想负担，看着他那么小却要承受那么大的思想压力，妈妈感到苦恼，可又不能真的不去上幼儿园。

孩子在上幼儿园时，之所以会出现分离焦虑症，是源于孩子缺乏安全感。一方面，孩子担心被父母抛弃；另一方面，孩子原本的生活习惯和规律被改变，所去的都是新的环境、看见的是新的面孔，所以非常缺乏安全感。

对孩子来说，自己需要具备一定的独立和自理能力，不能像在家里，什么事情都有父母照顾。孩子要学会自己吃饭、喝水、穿脱衣服、上床睡觉、上厕所、遵守幼儿园的规则……这对于两三岁的孩子来说，会感到一种挑战和压力。孩子可能会出现情绪行为，严重者还会感冒发烧，甚至住院。

所以，父母要帮助孩子克服分离焦虑症，顺利度过心理断乳期。

小贴士

1. 给孩子较多的安全感

平时生活中，父母要多陪孩子读书、做游戏，给孩子讲故事，把最好的陪伴给孩子，让孩子每时每刻都能感受到父母的爱和温暖，内心有足够的安全感和对父母的信任。这样孩子在上幼儿园时就不会担心再也见不到父母，以为自己被父母抛弃了。

2.带孩子提前熟悉幼儿园环境

在没有上幼儿园之前，父母可以带孩子参观幼儿园，让孩子提前了解熟悉幼儿园环境和老师，让他们感受其他小朋友的快乐时光。在条件允许的情况下，父母可以让孩子多待一会儿，跟老师亲近亲近，跟小朋友拥抱，让他们喜欢上幼儿园及幼儿园的老师和小朋友。

3.增加亲子共读时光

现在有很多供亲子阅读的绘本读物，父母可以引导孩子一起阅读，按照书里做一些游戏活动。这样可以帮助孩子了解幼儿园的生活，学会如何与小朋友相处，这对缓解孩子焦虑症有很大好处。

4.把孩子入园当作平常事

孩子上幼儿园那天，只需要一个人送就可以，别搞得一大家子人都去，这样只会让孩子更紧张焦虑。当一家人离开时，孩子会更加孤独失落，这很不利于孩子快速融入幼儿园生活。

5.和孩子做一个约定

父母可以和孩子做个约定，告诉孩子："宝宝，你乖乖去上学，妈妈去上班，等你放学的时候，我一定准时在幼儿园门口等你，妈妈绝不迟到。"这样让孩子知道，父母永远是最亲、最值得信任、最爱他们的人。当然，父母不要撒谎"妈妈一会儿就来"，否则会让孩子感到焦虑，同时影响孩子对父母的信任。

6.准时接孩子放学

孩子上幼儿园一天不见父母，会更加想念父母。到了接孩子放学的时候，父母可以给孩子一个热情的拥抱，告诉孩子："妈妈来接你了。"让孩子知道父母是守诺的，分离只是暂时的，然后拉着孩子的手一起走出幼儿园。

7.培养孩子的生活自理能力

在孩子上学之前，父母可以培养孩子生活自理能力，如自己吃饭、上厕所、洗手、睡觉、穿脱衣服、认识自己的东西等，有意识地培养孩子的独立性，增加孩子的自信心，让孩子觉得自己长大了。

8.让孩子多与同龄孩子玩耍

平时父母可以多制造让孩子与同龄小朋友一起玩耍的机会，扩大孩子的接触面，如带孩子去公园、儿童乐园，让孩子和同龄孩子一起玩耍。

9.父母不要偷偷观察孩子

当孩子上学后，假如父母各种担心，陪着孩子不愿意离开，或者即便离开后，还一直舍不得走，甚至躲起来偷偷观察孩子，等孩子一哭就马上跑回来抱孩子，这样做反而会让场面失控，让孩子更焦虑，从而更加不愿意上学。

幼儿园是比家里更有趣的地方

幼儿园和家里大不相同，在家里，孩子多以游戏为主，玩耍打闹成为孩子每天的活动。但幼儿园主要是集体生活，孩子需要讲秩序、讲规矩，学习一些基础的知识，他们的生活和学习由松散、随意转向严格、认真，这一种根本性的改变必然会给孩子带来种种压力。为了帮助孩子减轻这样的压力，父母应该培养起孩子学习的兴趣，让他们认为幼儿园比家里更有趣。

晚上，妈妈给孩子讲起了故事：几十年前，波兰有个叫玛妮雅的小姑娘，学习非常专心，不管周围怎么吵闹，都分散不了她的注意力。一次，玛妮雅在做功课，她姐姐和同学在她面前唱歌、跳舞、做游戏。玛妮雅就像没看见一样，在一旁专心地看书。姐姐和同学想试探她一下。她们悄悄地在玛妮雅身后搭起几张凳子，只要玛妮雅一动，凳子就会倒下来。时间一分一秒地过去了，玛妮雅读完了一本书，凳子仍然竖在那儿。从此姐姐和同学再也不逗她了，而且像玛妮雅一样专心读书，认真学习。玛妮雅长大以后，成为一个伟大的科学家。她就是居里夫人。

故事讲完了，孩子眨着大眼睛："妈妈，居里夫人是谁？"妈妈卖了个关子："老师会告诉你的，像这样类似的故事，你的书本里还有很多，你老师那里也有很多，等你认识了许多字，你还可以自己阅读，很有趣吧。""嗯，我要向她学习。"孩子向妈妈做了保证，随后就甜蜜地进入了梦乡。

我们经常说，兴趣是最好的老师，对于就要上学的孩子更是如此。在这一阶段，孩子还没有足够的自我控制意识，注意力集中的时间也不长，如果让他觉得学习没有兴趣，他就会产生一种厌学情绪。而作为陪伴孩子一起成长的父母来说，孩子喜欢什么自己当然是最清楚了，你可以依据孩子的兴趣上一些课外班，如素描、乐器、跆拳道等，通过这些来激发孩子的学习兴趣。父母可以经常与孩子交谈一些学习方面的事情，告诉他学习会使人有知识、有本领，并为之提供表现的机会，使他运用学习到的知识去解决简单的日常问题，给他一种成就感。父母也可以利用卡片、图画、故事、游戏等形式帮助孩子学习或复习书本知识，做到寓教于乐。

小贴士

1. 有趣的新环境

有的孩子念念不忘儿童乐园一起的玩伴，觉得上学之后就没有一起玩的朋友了。父母应该告诉孩子，新学校那样的环境更有趣，你可以结识比儿童乐园更多的朋友，在下课之余也可以与朋友一起玩耍。让孩子觉得，新的环境不仅能学到很多的知识，还能认识更多的朋友，这样让孩子觉得新的环境将更加有趣。

2.讲述自己的上学趣事

父母也可以通过讲述自己童年在幼儿园度过的美好时光，以及发生在幼儿园阶段的童年趣事，告诉孩子自己那时候是怎么来度过这一段时间的，让孩子觉得即便是新的环境，还是可以过同样有趣的生活。孩子天生都有强烈的好奇心、新鲜感，他们也会觉得通过幼儿园可以听到许多以前没有听过的故事，还可以认识更多的新朋友，这让孩子觉得未来所期待的都是新鲜的、美好的。

提前调整作息时间以适应幼儿园生活

孩子从家里进入幼儿园，这是人生的一个重要转折期。他们要从以游戏为主的玩耍世界进入一个以秩序为主的生活，从没有严格的作息时间到必须按照严格的作息时间来约束自己。

早在1个月前，孩子还没有正式进入幼儿园的时候，妈妈就开始有意识地强调作息时间这个概念，以提醒孩子即将到来的幼儿园生活。妈妈每天早上7点把孩子叫醒，而且尽量在7点40分能吃完早饭，因为如果开始入园了，这个时间就是他们出门的时间。

孩子正式入园了，由于之前有着良好的作息习惯，倒是没有出现过什么情况。晚上按时入睡，早上按时起床，上学都很有规律。可是那天孩子上学居然迟到了，原来外公来了，前一天晚上孩子和外公玩得很高兴，迟迟不去睡觉，直到快11点才入睡。放学路上，妈妈已经知道孩子今天上学迟到了，妈妈问孩子："老师批评你没有？"孩子摇了摇头，妈妈说："下次家里有客人来了，就要按时睡觉，这样上学就不会迟到了，知道吗？"孩子点点头。

在家里，没有上课下课之说，想什么时候去厕所只需要跟父母说一声，完全是自由安排时间。但上了幼儿园，就不能这样随便，铃声响了才能下课，这一系列变化对于孩子来说是一个考验。因此，父母应该帮助孩子调整作息时间，以适应幼儿园的正常生活。

小贴士

1. 提前调整孩子的作息时间

作息时间作为一种生活习惯并不是一朝一夕就能养成的，父母最好提前1个月或者几个星期就开始帮助孩子调整作息时间。在入园前1个月，父母可以按照幼儿园的时间表为孩子列出一份作息计划：早睡早起，这需要父母以身作则，给孩子树立好的榜样；逐渐安排孩子参加午间活动，减少午睡的时间，因为在幼儿园午睡时间没家里那么长；下午的时间安排去儿童乐园，这样孩子上幼儿园后就很自然地养成健康的作息时间。

2. 严格按照幼儿园的作息时间调整

上幼儿园后，在孩子身上会频繁地出现"时间"这个概念，相对于家里相对松散的作息时间，幼儿园的作息时间更加严密。从早上起床时间到路上的交通时间，再到上课时间、休息时间、活动时间、作业时间、上床睡觉时间等都环环相扣。从作息时间上来看，幼儿园并不严格，可以早一点来，也可以晚一点来。除了需要孩子早睡早起，还需要有意识地训练孩子长久地专注一件事情，让孩子能坚持下来而且不容易精神分散。你可以让孩子画一张内容丰富复杂的画，讲一个较长时间的故事。

另外，课间休息是孩子可以自由支配的时间，要让孩子知道"课间时间"的概念，并能够合理利用这一段时间，如去上厕所、喝水、到操场活动一会儿。幼儿园的午睡时间和家不一样，父母要在孩子入园前几个月就调整孩子的午睡时间，保持和他上幼儿园一致的作息时间。

3.向孩子灌输"时间"这一概念

在日常生活中，父母需要有意识地向孩子灌输"时间"这一概念，让孩子懂得什么时间该做什么事情，并一定要坚持做好。例如，有的孩子幼儿园回家就打开电视，直到深夜才睡觉，这就是一个很不好的习惯。父母需要告诉孩子，什么时间该做什么事情，能够控制自己的愿望和行为。培养孩子按时吃饭的习惯，并要求孩子不要拖拉，每天养成按时睡觉的好习惯，使一天的生活富有规律性，才能有充足的体力和精力来面对幼儿园生活。

教会孩子自己动手整理书包

经常丢三落四，找不到自己的书和作业本，漂亮的书包里乱得像"纸篓"，这在许多孩子身上时常发生，而造成这种结果的很大一部分原因就是父母对孩子的事情大包大揽，他们总认为孩子还小，一些事情还不会，且不懂得教会孩子怎么去做，连整理书包这样的事情也一手包办。长期这样下去，孩子的生活自理能力就会越来越差，现在可能只是书包乱糟糟的，以后他的生活都是乱糟糟的，没有任何条理性。作为父母，应该和孩子一起整理书包，培养孩子的动手能力和责任意识。

晚上回到家，妈妈把豆豆的书包打开，发现几天没有检查他的书包，真成了一个名副其实的"纸篓",简直是乱得不像话。孩子在旁边站着不吱声,妈妈让孩子坐下,一边把书包里的东西取出来,一边跟孩子说:"宝宝,你知道为什么今天会忘记水杯吗?""因为我没有整理好书包,所以,把水杯落在了家里。"孩子不好意思地说。妈妈没有再说什么,这时候,她已经把所有的东西都取出来了,把书包里面的垃圾灰尘清理了一遍。她吩咐孩子把东西归类,书本放一起,生活用品放一起,小玩具放一起,她先示范了一次,让孩子跟着整理了一次,妈妈说:"玩具之类的放在家里,带到学校会影响你的学习,以后,每天晚上睡觉前你都要整理书包,我会陪着你一起整理,也可以你整理完了给我检查,明白了吗?""嗯。"孩子点点头。

孩子生活自理能力差,动手能力差,对父母依赖性强。面对这样的情况,父母需要教育孩子,让孩子明白自己已经长大了,自己能做的事情要自己做,特别是自己的学习用品、书包一定要自己整理,这样,就不用担心东西找不到了。另外,父母要首先从和孩子一起整理书包开始,为了让孩子学会有序地生活,父母应该有意识地让孩子做一些力所能及的事情,不要担心孩子做不了,重要的是培养他的独立生活的能力。

小贴士

1.教会孩子如何有序地整理书包

在日常生活中,父母可以和孩子一起动手整理书包,在这过程中教会孩子如何有序地整理书包。父母可以先与孩子一起交流看法,书本文具之类的学习用品应该如何摆放才更合理,使用起来也更方便。刚开始的时候,父母可以和孩子一起动手整理,教给孩子收拾书包的方法,边教边示范,这时候父母要有足够的耐心和细心,让孩子看到自己的成功,体验到快乐。

然后，父母可以鼓励孩子自己动手整理书包，父母在旁边引导，这时候要以孩子的想法和做法为准，如果孩子摆放不合理，父母要启发孩子找到原因，不要强制性地批评和斥责，否则不利于培养孩子的主动性，挫伤孩子的自信心。当孩子能够独立整理书包了，父母就要经常检查，并做出简单细致的总结，帮助孩子提出改进的建议，逐渐提高孩子整理书包的标准。

2.让孩子学会有序地生活

整理书包是一个细致活儿，它包括分类、顺序等因素，让孩子先学会分类，另外，为了减轻孩子书包的重量，让孩子把次要的东西放在家里或者教室，如玩具、书包里主要的东西。在这一过程中，孩子学会了有序整理东西，继而学会有序地生活。

学会有序的生活是追求高品位生活的表现，特别是对于正在成长的孩子来说，有序的生活环境有利于孩子形成文明的生活习惯，孩子将受益终身。这时候不妨让孩子从收拾自己的书包开始，逐步培养孩子有序的生活习惯。唤醒孩子的独立意识，改变孩子事事都依赖父母的坏习惯，当孩子乐意主动动手整理书包，父母要给予表扬，让孩子看到成功，体验到快乐。

3.培养孩子独立生活能力

许多父母反映，孩子很聪明也很可爱，可就是生活自理能力太差了，连收拾书包这样简单的事情都要让父母做。实际上，孩子之所以生活自理能力差，很大程度上都是父母大包大揽造成的，这时候父母不妨和孩子一起动手整理书包，让孩子从日常家务和学会生活自理开始。父母和孩子在整理书包的过程中，有意识地教孩子养成整理书包的习惯，甚至可以要求孩子睡前必须整理书包，这样养成独立生活的能力，才能让孩子更好地投入到学习中。

另外，父母还应该让孩子养成做事有条理的习惯，如先放什么再放什么，这样方便上学时拿取东西，让孩子体验到做事有条理带来的方便性。长此以往，他就会养成做事有条理的好习惯。

第 11 章
亲子敏感期，让孩子感受到你的爱

父母是孩子人生道路上的引路人，而良好的亲子关系是帮助孩子健康成长的基石。亲子关系是孩子一生中最早体验到的关系，也是人际关系中最重要的一环。如果这层关系发展良好，它将成为孩子一生中一连串和他人良好关系的基础。

鼓励孩子发现自己的兴趣

人们经常说："兴趣是最好的老师。"所有的成功都是从最初的兴趣开始的，兴趣是一切行为最初的出发点和原动力，是一切成功的最初条件。犹太人非常重视幼儿的兴趣教育，正因为如此，在犹太民族中，才经常涌现出天才。爱因斯坦、玻尔、斯皮尔伯格的父母很早就认识到好奇心对孩子成才的巨大作用，所以他们才能培养出影响世界的天才儿童。

孩子经常会向家长提出各种各样的问题。这时，家长应该努力激发孩子的兴趣，不要急于将自己知道的知识告诉孩子，应该让孩子自己找出答案。随着知识的增加，孩子如果失去了当初的好奇心和兴趣，就应该不断想办法让孩子不要仅仅满足于已经学会的知识，要向更深的知识领域进军。

父母在孩子刚开始学习的时候，就不断向孩子灌输学习是一件甜蜜而快乐的事情，这样孩子从小就会对学习产生兴趣。孩子如果在学习上不断取得成功，就会产生更浓厚的兴趣，会无意识地激励自己不断地学习。

孩子对一切都感到非常好奇，他们认为一切都是非常有吸引力的。这时候，他们会想尽办法进行研究，但是自己的智力又达不到，所以他们的好奇心会让他们不断学习。随着年龄的增长，孩子的智力也不断增长，这时，孩子的好奇心就会逐渐地减弱甚至消失，以至于对一切都习以为常。

明智的父母会鼓励孩子对自己感兴趣的东西进行研究，随着时光的流逝，孩子的兴趣就会不断地增长。

卡尔·维特堪称天才，他在八九岁时就精通德语、意大利语、拉丁语、英语和希腊语，对动物学、植物学、化学也有一定的了解，尤其是数学方面的造诣比较高。不过，别看小维特这么知识渊博，他并不是书呆子，他喜欢学习，且从学习中感受到快乐。

与普通的孩子并没有两样，小维特也有自己的爱好和性格。他刚开始接触数学的时候，一点儿都不喜欢背诵乘法口诀，父亲却希望孩子能够爱上数学，所以他有意识地培养孩子的兴趣，通过掷骰子、数豆子、商店买卖等游戏勾起孩子的学习兴趣，让孩子在生活中接触数学，一下子让小维特爱上了数学，后来变得非常擅长数学。

要想让孩子长大以后有所作为，就应该注意培养孩子的兴趣，兴趣是一切行动的原动力和起始点。孩子首先会对某些事情感到好奇，然后才会产生兴趣。每个人都有好奇心，孩子的知识有限，他们对很多事情都不了解，因为好奇，所以才希望探索，一旦失去了好奇心，就会失去探索的动力，甚至会止步不前。

要想使孩子在某一领域有所建树，必须不断地培养孩子对这一领域的兴趣。兴趣是最好的老师，也是成功的起点。一切兴趣皆是由好奇心使然。如果在孩子很小的时候就注意激发孩子的好奇心，并鼓励他们不断地研究下去，就能使孩子走向成功。

小贴士

1. 让孩子保持保持浓厚的好奇心

父母应该让孩子保持浓厚的好奇心，引导孩子采取实际行动去接近那些美好的事物，为其揭开神秘的面纱，如游戏这么好玩，它是如何设计出来的？要解决这个疑问，就要进一步钻研，翻阅计算机书籍或者百科全书，这样就对计算机产生了兴趣。

2.让孩子保持兴趣的稳定性

我们要给孩子培养一种兴趣，就要让他们不间断地去熟悉它，逐渐地让它成为孩子生活的一部分。每天都接触到它，时间久了自然会"上瘾"，如喜欢打篮球的男孩子，一天不打就觉得全身没劲，那是因为篮球已经成为他们生活中的兴趣。

3..需要将兴趣延伸，使之成为孩子的特长与技能

如果孩子整天都玩电脑，但只是随便地消磨时间，并没有将自己对计算机的兴趣延伸，那么这样重复下去，他将对计算机失去兴趣。当孩子对某件事物感兴趣的时候，需要有一个深入的方向，将孩子的兴趣延伸，一层一层地向前"翻阅"，让孩子在兴趣中收获快乐。

4.让孩子认识一些志同道合的朋友

父母可以引导孩子结交一些志趣相投的朋友。如孩子喜欢文学，那就选择几位文学爱好者。这是因为自己即使对某样事物有着极大的兴趣，但总会有停滞的时候，这时候，如果有几个朋友在旁边加油鼓劲，孩子对兴趣事物会越发专注。

尊重孩子，他们才会更爱你

父母要非常重视孩子关于"尊重"这方面的教育，这是影响孩子一生的美德。只有尊重别人的人，才会在某些方面获得更多机会。在伙伴朋友的相处中，会变得更有人缘；在学习上，更容易得到同学和老师的帮助；

第11章 亲子敏感期,让孩子感受到你的爱

在工作中,更容易得到老板的器重;在事业上,更容易得到同事的帮助和支持。这样的人才会在事业上更容易取得成功。

懂得尊重,是要从小学起的,只有尊重别人的人,才能得到别人的尊重。一些父母在孩子很小的时候就注意培养孩子尊重别人的习惯,让他们知道,只有尊重别人的人,才会赢得别人的尊重,也才能因此迎来成功的机会。

安迪是一个只有3岁的小孩子,由于家里就他一个孩子,所以他的父母非常疼爱他。安迪觉得父母对他言听计从是应该的,因为父母就他一个孩子,就应该非常乐意地为他服务。父亲发现孩子有这样的心理后,非常担忧,他觉得孩子一切都还好,就是不会尊重别人,对待父母现在就这样,那以后真的很令人担忧,于是他就想用一种方法,将这个问题解决。

有一次,安迪要喝牛奶,他对着正在做家务的母亲喊道:"给我拿瓶牛奶。"母亲刚想去做,安迪的父亲将她拦住了。他向她使了个眼色,他觉得这就是解决问题的突破口。母亲于是又重新去做她正在做的家务。安迪见母亲迟迟不来,就冲着父亲的方向喊道:"我要喝牛奶。"父亲也不吱声。安迪感觉很不解,就过来问父亲:"为什么你们都不给我拿牛奶?""孩子,你已经快上幼儿园了,这说明你已经是个大人了。既然是大人,那就应该用大人的办法解决大人的问题。你让我们帮你拿牛奶,那为什么不知道称呼我们呢,这样我们怎么会知道你是在请谁帮忙?请人帮忙是一件麻烦别人的事情,当别人在做着其他事情的时候,更是如此。所以你请人帮忙就不应该这样理直气壮,你应该知道如果你的态度不诚恳,别人是不会帮你的。"安迪若有所思地想了想,觉得父亲说的有道理。"那我应该怎么说才是正确的呢?"安迪问道。"应该像这样,妈妈,帮我拿瓶牛奶可以吗?"父亲说道。安迪于是就对父亲说道:"爸爸,帮我拿瓶牛奶可以吗?"父亲很高兴地帮助了他。安迪在父亲的教育下,终于

学会了怎样做才是真正地尊重人。

安迪父母的这种教育方式值得每个父母学习，只有从小就关注孩子在道德方面的教育，孩子长大以后才会成为一个对社会有用的人。只有这样，孩子才能不断地走向成功。

孩子是需要从小培养的，孩子的年龄小，这样他们接受的教育就会很容易影响他们。现代社会独生子女越来越多，有些父母不注意培养孩子的道德品行，那么孩子在长大以后就依然不会尊重别人，而且随着年龄增大形成习惯，很难再改。这个时候所有的一切已经定型了，就算是想有所改变也很困难。

小贴士

1.别忽视成长中的"尊重"教育

身为父母的人，都应该注意培养孩子在这方面的教育，不要以为孩子还小，这些教育不利于孩子的成长，大量的事实证明，这一想法是错误的。如果在孩子很小的时候就忽视了这方面的教育，那么以后要进行弥补，就会付出很大的代价。一个不会尊重别人的人永远不会得到别人的尊重。尊重别人表现在生活中就是对别人一定要有适当的称谓，这是尊重别人的最起码的常识。

2.父母请做好榜样

请别人帮忙的时候，不要用"理所应当"的语气，要知道这是一件麻烦别人的事情，不是别人麻烦你。所以语气一定要好，不然别人是不会帮助你的。对待别人的时候一定要客气、和气。如果别人有求于你，你就应该想想自己是否能做到，如果可以做到，那就尽全力地帮助别人，如果的确超出了自己的能力范围，那就应该坦言相告，如实地说出自己的难处，这样别人也不会怪罪你的。

你对孩子的关心到位了吗

作为父母，对孩子的心性仔细了解，说些贴合孩子心理的话，就会使孩子养成好性情，有利于孩子的健康成长。孩子的性情，会由于父母不同的教养方式呈现出不同的性情。良好的教养方式，能够促进孩子的健康成长和发育；拙劣的教养方式，会改变孩子的性格，使活泼可爱的孩子神情抑郁、苦闷不堪。

或许，身为父母，我们都曾无数次想象孩子美好的未来及其成功的样子，但是，即便我们想得再好，也往往改变不了现实。不管怎么样，首先得让孩子成为一个有爱心的人，而这就需要我们父母的教育和引导。在生活中，对孩子要经常嘘寒问暖，尽显自己的父母情。

父母在教养孩子时，如对孩子说话温柔可亲，不焦急，不暴躁，说话切合孩子的心理，孩子就会养成好秉性，表现出活泼开朗、积极向上的个性。如果不了解孩子的心理，自己的心情抑郁，沉闷不乐，不顾孩子的心理和感受，和孩子说话爱理不理、态度冷淡，孩子的心理就会受到打击，心情就会变得压抑，性格也会忧郁，这不利于孩子的健康成长。

父母用欣赏的口气，恰到好处地多鼓励孩子，孩子受到赞赏，受到重视，就会积极上进。如果和孩子说话措辞严厉，让孩子听了不知所措，孩子的上进心就会遭到打击，以至于心理蒙上阴影，对自己失去信心。

陈妈妈发现儿子李允这几天忙于玩足球，连学习都不放在心上，觉得很奇怪，最令她吃惊的是，当她问李允足球的来历时，李允竟然轻松地说，是自己从学校里拿出来的。这引起了陈妈妈的高度重视。她知道，学校的足球是不能随便带回家的。于是,她决定和李允好好谈谈。当李允玩得满头大汗地带着足球回到家时,李允已等候儿子多时。

看到李允正襟危坐的样子,李允意识到了自己的错误。他抱着足球站在那里,不知道该如何是好。李允让李允坐下,委婉地指出了李允所犯的错误。已经意识到自己犯错的李允,向李允坦白了自己的心思。李允又帮助他分析了错误的原因,发现李允只是出于对足球的爱好而拿了学校的足球,便让他归还给学校。

李允听了李允的话,非常懂事地把足球还给了学校。李允又给李允购置了一个足球,李允很开心,感谢妈妈对自己的理解。李允在搞好学习的同时,又提高了球技,还参加了学校的足球队,身心都得到了培养。看到李允健康成长,李允露出了欣慰的笑容。

对待犯错的孩子,父母不能一概而论,要分析孩子所犯错误的原因,让孩子从思想和心理上认识到自己的错误,进而去改正它。如果我们对孩子的错误不进行认真细致的分析,孩子认识不到自己的错误,就难以进行改正。案例中的李允,在发现孩子李允偷拿了学校的足球后,及时让其认识并改正自己的错误。为了培养李允的兴趣,李允又给李允购置了足球,满足了李允的兴趣爱好。

小贴士

1.说贴合孩子心理的话

了解孩子的心性,说贴合孩子心理的话,是培养孩子、塑造孩子性格的良好途径。对孩子的心性不了解,不明白孩子的优劣点,说话不符合孩子的心理,孩子就难以接受,难以明白。这样父母和孩子沟通就非常困难。只有了解孩子的心性,说贴合孩子心理的话,父母才能成功地与孩子进行无障碍的交流，倾听孩子的心声，培养孩子的兴趣，让孩子健康地成长。

2.对孩子多说鼓励欣赏的话语

孩子有着强烈的好胜心，总想做出一些不平凡的事情，但是因为自己的年龄较小、能力有限，事情的结果往往事与愿违。有的孩子会因为自己的一时失利而对自己失望。作为孩子的父母，我们要对孩子及时鼓励，不要因为孩子一时失败就对孩子严厉斥责。要让孩子树立信心，勇于尝试新事物。对于孩子的进步，要进行及时的鼓励，用欣赏的口气，恰到好处地多鼓励孩子，使他拥有强烈的自信心。

3.孩子犯错了，也要温和教育

孩子犯错，究其原因，不外乎两种情况：一是因为自己没有经验，能力达不到，而犯错误；二是明知故犯，已经能明晓事情的结果，故意犯错，在做事时发怒气、泄私愤，对别人进行打击报复。对待犯错的孩子，父母不应该视若不见，要及时提醒孩子，不要再犯同样的或无意义的错误，应该让孩子在错误中获益，让孩子明白知错必改的道理。

让爱走进孩子的内心世界

父母埋怨"孩子不理解自己的一片苦心"，孩子也抱怨"父母根本不了解自己"。孩子在这一阶段已经逐渐有了自己的内心小世界，由于惧怕、害羞等多种原因，他们会封闭自己的内心世界，不会轻易向父母吐露自己的内心想法。这时候，就需要父母主动走入孩子的内心世界，倾听孩子所思所想，读懂孩子的烦恼与快乐，真正成为孩子的知心朋友。

如何化解亲子之间的代沟？那就是父母需要站在孩子的角度，理解对方。常常听到孩子这样抱怨:"父母根本不理解我们的需要,他们想说的就说个没完,而我想说的他们却心不在焉。"许多孩子都有着这样的烦恼,其实,孩子内心有着许多想法,他们也有欢乐、有苦恼、有意见,如果父母没能主动走进孩子的内心世界,孩子有了想法没有得到及时的交流,那么父母与孩子之间的鸿沟就会越来越大。

一天,女儿放学回家后若无其事地告诉妈妈:"今天上午上数学课的时候,我居然睡着了。"上课的时候居然睡觉?妈妈听到这话就生气了,责备她:"上课时睡觉,你说我辛辛苦苦挣钱供你读书,我都做啥了,你要这样做?"女儿有些委屈:"我觉得困了就小眯了一会儿,睡了起来看见老师正在讲课,我都不知道自己睡了多久,也没人叫我。""睡觉,睡觉,我让你睡觉!"妈妈开始拿着鸡毛掸子打女儿,女儿哇哇大哭。

过了一周学校开家长会,老师向妈妈反映:"孩子很喜欢上课时睡觉,当着全班同学的面都批评了好几次,她还是这样,一点也不改进,希望你们可以敦促一下。"妈妈回到家,对女儿又是一顿打骂,女儿挂满泪水的脸上有一丝幸灾乐祸的笑容。

心理学家认为,父母与孩子之间的沟通,孩子是掌握主动权的,因而有的父母就会说:"他心里有什么想法,那也得开口向我说,否则我怎么能走进他的内心世界呢。"其实,孩子普遍有一定的惧怕心理和羞涩心理,自己即便是有一些想法,他也不会主动告诉父母,而是需要父母诱导孩子说出来,或者父母通过自己的方式来了解孩子,走进孩子的心灵世界。教育专家认为,要想走进孩子的心灵世界,就要和孩子交朋友。

小贴士

1.主动与孩子的老师沟通

有的父母没有主动与孩子老师沟通的习惯，他们认为孩子在学校就应该是学校的责任，如果孩子有了什么事情，老师会主动联系自己的。其实，每个班级那么多学生，老师根本不能顾及每一个学生，这就需要父母主动与老师交流。这样，父母能及时地了解孩子的学习表现和思想素质，还能够积极主动配合老师对孩子存在的问题进行及时改正，便于父母与孩子进行顺畅沟通。了解孩子最近的表现，有助于走进孩子的心灵世界。

2.冷静处理孩子的过错

明明知道孩子做错了，父母也应该保持冷静的心态，冷静地处理孩子的犯错行为。这时候，如果父母的情绪失控就意味着中断了自己与孩子的谈话，在孩子内心他是不希望看到父母失望的，一旦父母表现出过分的失望和担忧，就会造成孩子隐瞒真实想法的严重后果。所以，当孩子犯了错误，父母要为孩子设身处地着想，为孩子分忧，不要对孩子的所作所为大肆发表自己的意见或者大声指责，这样孩子就会对父母说出自己内心的想法和秘密。

3.了解孩子的内心世界

有的时候，孩子并不愿意向父母坦白自己的想法和意见，甚至也不愿意与自己的好朋友交流，他们喜欢写成作文和日记。这时候，父母可以从孩子的作文和日记中了解他的内心世界，当然，看孩子的作文和日记，一定要征求他的同意，毕竟日记是孩子的隐私，暴露出来是需要勇气的，这需要父母理解。

4.与孩子成为朋友

父母要想主动走进孩子的内心世界，就要与孩子进行密切接触，消除距离感，成为"零距离"的知心朋友，这样孩子才会把自己的一些想法、做法、告诉父母。这时候，父母在孩子眼里不是高高在上的，而是当作一个可以交心换心的好朋友，孩子对父母不会保留自己的秘密。

5.重视孩子的内心需要与感受

父母需要重视孩子的内心需要与感受，体会孩子的心声、苦恼，鼓励孩子表明自己的想法和感受。有时候，父母可能会不赞同孩子的一些行为，但是孩子内心的感受也是可以理解的。父母要明确，孩子对事物的感受或心理活动往往比他的思想更能引发他的行为。所以，父母应该重视孩子的感受，并对他的感受认真加以理解和评价，这样会促使孩子在你面前展露一个真实的内心世界。

6.给孩子战胜困难的勇气

当孩子面对没有做过的事情，或没有把握的事情，或者面对困境和挑战的时候，最希望得到父母真心的鼓励。告诉孩子"你能行""不要怕""再加把油""你是个勇敢的孩子""要有点冒险精神呀，宝贝"，以鼓励孩子勇敢面对、大胆进取，不断努力和尝试。

7.认可孩子的观点和行为

孩子往往希望可以从大人那里得到认可，但我们似乎总是让他们失望。父母应告诉孩子"你的看法有道理。""你一定有好主意！""你的想法呢？"而不要轻易否定他们的看法和想法，不要驳斥他们的意见，学着鼓励孩子表达的意见，表达出自己的心声，让他们按照自己的想法去做做看，去试探一番，宁愿他们从中得到教训，也不要轻易否定他们。没有试过，你怎么知道自己一定就比孩子高明呢？

8.珍视孩子的进步

随时都要看到孩子的进步，并及时给予赏识，会让孩子不断积累做好事情的勇气和信心，否则会让孩子失去前进的动力。对于孩子任何的一点进步，都应该及时给予鼓励和称赞，欣慰地对孩子说"你长大了"或者"不要急，慢慢来，你已经有了进步。""你一点也不比别人笨，妈妈每次都能看到你的努力和进步。"这些足以让孩子看到你对他的重视，产生"一定会做得更好"的勇气和信心。

什么才是最成功的教育

"望子成龙、望女成凤"由来已久，父母对孩子的期望值过高，是我国目前父母普遍存在的现象。通常孩子到了三四岁，父母就开始琢磨应该让孩子学点什么，假如是孩子本身愿意去学，那也就无可非议，但我们看到更多的是父母威逼利诱让孩子去学这个、学那个，结果弄得自己苦不堪言，而孩子也失去了一个快乐的童年。

现在社会竞争压力越来越大，而父母对孩子的期望值越来越高，父母迫切地希望孩子成才，导致孩子的学习负担越来越重，而孩子的逆反心理也越来越强。心理学家建议，成功需要一步步地努力，过高的期望值很容易让孩子迷失方向、看不到出路。

很多父母对子女抱太大的希望，经常不自觉地给孩子施加压力，强迫孩子在小小年纪就去学这学那。结果，许多孩子对学习产生了厌恶情绪，有的还严重影响到身心健康。"望子成龙"是许多父母的美好愿望，这是无可厚非的，不过父母必须明白不是每个人都成得了"龙"，不要过分苛求自己的孩子，也不要让孩子过早背上沉重的思想包袱。

父母的期望值过高对孩子而言并非是一件好事情，有时候甚至会出现可怕的后果。有的孩子本来有自己的优势所在，但假如父母的期望值过高偏离了孩子本来的情况，就会让孩子产生不自信、没动力，甚至厌烦、叛逆等心理，这不仅不利于孩子的进步，反而容易让孩子的心理出现问题。

小贴士

1. 什么是成功的教育

父母怎样才算对孩子尽到了责任，怎样才算教育孩子成功？或许父母都喜欢用"出人头地""成名成家"来衡量。实际上，教育的最高理想不是培养多少不可一世的大人物，而是培养出多少和谐幸福的人。对父母而言，教育孩子不一定要把他培养成教授或博士才算成功，关键是要让孩子成功一个幸福的人。

2. 尊重孩子的兴趣爱好

父母应该设身处地考虑孩子的实际情况，照顾孩子的兴趣爱好和实际能力，尊重孩子的意愿而不是盲目地要求孩子按照父母预先设计的轨道成长，千万不要对孩子提出过高的期望要求，需要注意帮孩子减轻过重的精神压力。不要将孩子人生的最大砝码仅仅押在学习成绩的拔尖上，毕竟培养孩子有一个健康的心理、美好的品格和良好的动手能力，远比考试成绩更重要。

3. 降低期望值

父母要想让孩子快乐地成人成才，父母首先要有平和的心态，降低期望值，给孩子减压，根据实际情况和孩子一起制订合适的奋斗目标。父母平时要注意不只看孩子的考试分数，更要帮助孩子发现长处和分析不足，做到扬长避短。对已经出现的问题，要给孩子指出以后努力的方向，以孩子乐于接受的方式教育，促使孩子养成良好的习惯。

孩子的成长需要赏识和肯定

当孩子还很小的时候，父母呵护备至，担心孩子受一点点伤害，几乎都是按照孩子的想法来做事。但是，随着孩子长大了，懂事了，父母却发现孩子开始出现问题，总认为和自己想象的差很远，这样父母便开始按照自己的意愿来要求，来刻画自己孩子的模型，看待孩子都是挑剔的眼光，不是这个不行，就是那个不行，父母总会说孩子存在的各种问题。从他们的口中，似乎孩子是没有优点，只有缺点，如果父母总是用挑剔的眼光看孩子，那这对孩子的成长是很有害的。

小丫上小学三年级，妈妈总是说她这没做好，那也做不好，她已经习惯妈妈的唠叨了，反正爸妈不说她，她就几乎不想做作业了，因为长时间的挑剔要求让她已经习以为常。小丫妈妈在别人面前也说她，这也做不好，那也做不好，还说她不听话，她表面好像没什么，不过心里还是感觉不舒服。

孩子年龄比较小时，对父母的举动也许没有太大的反应，不过孩子长大了，到了上初中的时候，孩子的叛逆就来了。所以，父母不能用挑剔的眼光去看待自己的孩子，每个孩子有自己独立的想法，有自己的心理反应，假如父母不顾孩子的自尊心，一味地挑剔，就会让孩子在打击声中越来越自卑。

许多父母的挑剔是多方面的：

1.过高的要求

许多父母为孩子制定了过高的要求，如学习成绩优秀、生活习惯要好、要参加各种活动和培训班等，都要按照父母设定的要求去做，孩子自己没有控制权。有的父母对自己的孩子要求很高，孩子不能犯一丁点儿错误，一旦出错就是责骂和打击，在这样成长环境下的孩子容易自卑，做事情不能放开做，想问题没主见，做事情不独立。这样的孩子长大后，思维比较狭窄，考虑问题不全面，没有创新意识，而这都是小时候的成长环境造成的，因为父母没有给孩子思考问题的机会，没有给孩子创新的机会。

2.过于挑剔

父母对自己的孩子太过于挑剔，只要挑出一个毛病，就会加倍挑出其他的毛病。对待孩子身上的毛病，父母需要一分为二地去看待，毕竟孩子很小，毛病肯定会有，没有毛病的孩子几乎没有。有的父母觉得自己孩子学习成绩不好，就觉得他什么都不好，看到孩子出现小问题，就用放大镜去看，以偏概全，结果孩子就在挑剔的眼光中自卑而委屈地成长。

据说，有一次几十个中国与外国孩子一起进行了某项测试，测试后的分数让孩子分别拿回家给各自的父母看，结果，外国80%的父母对自己的孩子表示满意，而中国的父母看了孩子的成绩后，有80%表示不满意，而实际上外国孩子的成绩还不如中国孩子，这是为什么呢？中国的父母总习惯用挑剔的眼光来看待孩子，而外国父母则习惯用欣赏的眼光看待自己的孩子。许多父母望子成龙的心态太过急切，他们好像容忍不了孩子暂时的落后与普通的成绩，往往把自己急躁的情绪发泄在孩子身上，对孩子呵斥、打骂，不过这样做的结果往往是适得其反。

小贴士

父母如何调整自己的眼光？

1.用发展的眼光看待孩子

父母应该用发展的眼光看待孩子，允许孩子犯错误，但是父母要及时帮助孩子改正，不要等自己想起孩子以前所犯过的错误，现在自己有时间了就开始教育孩子，这其实就是违背了教育的及时性，随便父母怎样说，孩子也不会听的。

2.等待孩子慢慢成长

父母要学会等待孩子的成长，孩子毕竟还很小，他的想法不可能跟大人一样，父母要允许孩子有自己的想法、做法，孩子达不到父母所设定的理想层次，要等孩子长大了，见识多了，他就会慢慢地弥补以往那些不足的地方。

3.了解孩子的想法

父母要学会和孩子共同探讨一些问题，从而了解孩子的想法，引导孩子的思维，同时激发孩子对知识的渴望，允许孩子说出一些稀奇古怪的想法，让他自己去找资料来验证，或者父母给孩子提供资料。

4.父母不要太过着急

即便孩子现在的表现还不能让你满意，也不要太过着急，而要用欣赏的眼光看待孩子，发现孩子的优点和长处。当然，欣赏孩子并不是一味地鼓励或赞扬，而是要真正认识到孩子的才能和所做事情的价值，给予充分的重视和赞扬，支持孩子朝着他所喜欢、所擅长的方向发展，让孩子最终获得精彩的人生。

第12章
社会规范敏感期，让孩子学会秩序

孩子进入社会规范敏感期，就会慢慢脱离以自我为中心，而对交朋友、群体活动有显著的倾向。在这一成长阶段，父母应该与孩子建立明确的生活规范、日常礼仪，使他在以后可以遵守社会规范，拥有比较自律的生活。

性意识敏感期，关注自己的身体

心理学家认为，性教育绝不是可有可无的，它的影响将伴随孩子的一生。就像弗洛伊德所说，你今天的状况和幼年有关。父母应该意识到儿童性教育的重要性，必须摒弃过去谈"性"色变的态度，必须改排斥为循循善诱，即便尴尬，也不容回避这个严肃的问题。

孩子从三四岁到上小学的这段时间，求知欲特别强，对身边的任何事情都想打破砂锅问到底。现在电视上大多有拥抱、接吻和床上戏的镜头，对于好问的孩子而言，可能会提出许多让父母难以回答的问题，诸如"孩子是从哪里来的""避孕套是做什么的"等。

北京的一所大学对4个年级的学生进行了一次随机抽样调查，从影视作品、互联网、书报、杂志上获取性知识的占81%，而从父母那里获取的只占0.3%，少得实在可怜，约30%的母亲在女儿来月经之前没有告诉孩子月经是怎么回事和如何处理。很多父母没有性教育的经验，甚至自己就是性知识的"文盲"，当孩子问及性知识方面的问题时，扭扭捏捏，总是说些模棱两可、似是而非的话，即便有性知识的家长，也不敢和孩子开展关于性知识的对话。

据新闻报道，英国多塞特郡普尔市一名13岁男孩和一名14岁女孩偷吃禁果后，导致女孩怀上身孕，生下了腹中的胎儿，男孩因此13岁就当上了爸爸，一举成为英国最年轻的父亲之一。诸如此类的事例并不仅仅存在英国，世界各地层出不穷的关于少年爸爸少女妈妈的新闻，让世人震惊。

中国父母在对孩子的性教育上有几个明显的误区：许多父母由于自己在成长过程中没有接受过性教育，因此他们按照自己的成长经验，认为孩子也不需要性教育；父母对性的问题持回避以及排斥态度，他们担心说多了会诱导孩子，说少了又怕说不清楚；认为性教育是青春期教育；有的父母平时穿衣服不太注意，经常在家里穿着暴露，结果孩子耳濡目染，没有性别意识。

小贴士

对于孩子的性教育，必须重视以下三个阶段。

1.幼儿期—适度引导

幼儿期指的是3~6岁的孩子，实际上性教育最早在2岁就可以开始。在这一阶段，孩子喜欢玩一些"性游戏"，如接吻、结婚、生孩子、抚摸生殖器官。假如父母看到这样的情况，不要紧张，孩子玩这些游戏只是对生活中看到的事情进行模仿而已，也不要粗暴地打断他们。假如孩子发现抚摸别的部位，父母都不会在意，唯独抚摸这个部位，父母态度马上紧张起来，孩子就会故意、经常抚摸那个部位，以引起父母的注意。

这时父母可以想办法分散孩子的注意力，如捉迷藏游戏，而不是故意去打断他们。对能听懂话的孩子，可以告诉他们身体的某些部位是不能让别人看或触摸的，如胸部、生殖器官，同时也不能看或触摸别人的这些部位。父母要有耐心地向孩子灌输自我保护的观念，嘱咐孩子假如有人触摸了这些部位一定要告诉爸爸妈妈。

假如是3岁以上的孩子，可以跟父母分床睡。年龄再大些，假如条件允许的话，尽可能分房睡，以免父母过性生活时对孩子造成负面影响。即便不能分居，也应该挂个帘子。

2. 儿童期

6~9岁的孩子正处于性欲的潜伏期，容易受他人或传媒影响，接触到一些有关性的不正确的信息，这时他们需要在父母的帮助下了解性别角色。父母最佳的教育方式就是当电视里刚好出现亲热镜头或报纸上有关于两性的小故事，对孩子借机进行性教育。这时父母要势必成为孩子成长过程中最佳的性教育指导者，一旦孩子对性有了疑问，孩子第一个想到的就是请教父母，而不是问其他人。

这一阶段父母要改变传统思想，认真解答孩子提出的关于性的问题，赢得孩子的信任。当发现孩子接触黄色视频时，不要辱骂孩子，而是引导孩子阅读正确的性教育读物。

3. 青春期

在孩子青春期，尽管学校会开一些专门的课程，不过父母并不能对孩子的性教育就此停歇，反而需要更加放在心上，协助孩子度过青春期。进入青春期的年龄，女孩在10岁左右，男孩大约在12岁。

通常父母会对女孩子比较注意，而容易忽视对男孩的关注，主要是因为女孩子有青春期来临的明显标志，如月经来潮，而男孩子就不会那么明显了。不过男孩子也会出现遗精、变声、长喉结等。父母需要注意的是，青春期男孩子会开始有自慰的现象。

这一阶段，父母可以引导孩子通过别的方式，如运动来释放能量，减少自慰的次数，不要给青春期孩子穿太紧的衣服，如牛仔裤，建议穿宽松的裤子。父母可以多给孩子拥抱、拍肩膀等动作，给孩子一些亲密的触碰，有助于减轻孩子因青春期身心变化而带来的焦虑。

社交敏感期，偶尔有逃离行为

有的孩子在入学之后，难以适应学校生活，不容易结识朋友，与同龄的伙伴玩耍，心中也会胆怯畏缩，最后就成了一个不合群的孩子。孩子不合群，性格孤僻，不但脱离周围的朋友，而且明显地影响孩子的上进心，甚至损害身体健康。实际上，孩子不合群，跟先天气质有关，同时也与父母的教育有关。有的父母整天把孩子关在家里，让电视机、玩具、游戏机与其为伴，不让孩子出去和其他小朋友接触，担心孩子会吃亏，会沾染坏习惯。时间长了，孩子就成为笼中鸟，成为一个不合群的孩子。

学校放假了，小伟在妈妈的安排下每天写作业，然后就在家里看电视看书。每天妈妈回家都会问小伟："宝贝，今天出去玩了没有？"小伟都会摇头，时间长了，妈妈有些担心这孩子是不是不太合群。

趁着自己休息的时候，妈妈带着小伟下楼来到小区广场，阳光很不错，广场人也很多，其中有许多与小伟同龄的孩子。在荷花池里，有许多小鱼儿游来游去，孩子们好兴奋，他们爬在护栏上，仔细观察着小鱼儿，有调皮的孩子向池里扔进了一块块石头，层层涟漪随着孩子们欢快的笑声荡漾开去，这一切看起来很美。接着，孩子们又自发做起了游戏，妈妈笑着看着他们，回头却发现小伟一个人独自在那儿玩，无论妈妈怎么劝说小伟都不和其他小朋友玩，还说："妈妈，我对他们不熟悉。"妈妈一惊，看来以前少带小伟出来玩了，这些同住在小区里的孩子也见得少了。

虽然，孩子不合群说不上是什么病，但却影响他们去适应新环境和学习知识，这样的孩子长大后也很难与人相处，难以适应社会。而那些合群的孩子在语言表达、人际交往方面都会明显优于不合群的孩子。所以，父母应该细心观察孩子的言行，让孩子做一个合群的孩子，这样才有利于孩子的健康成长。

小贴士

1. 为孩子创造良好的家庭坏境

孩子不合群主要是源于性格方面的原因，这就需要父母以身作则，为孩子创造一个良好的家庭坏境。父母之间和睦相处，表露对孩子的关心，而且要教育孩子、引导孩子与他人平等相处。在整个家庭中，不要以孩子为中心，处处围着孩子转，当然，父母也要尊重孩子，不要随意打骂孩子、训斥孩子，重要的是要让孩子在和睦温馨的家庭氛围中长大。

另外，父母要抽出时间来亲近孩子，每天都花一定的时间跟孩子在一起交谈。周末休息的时候，父母可以带着孩子去公园或亲戚家走走，创造条件让孩子与其他小朋友一起玩耍。如果孩子觉得害怕，父母可以陪着孩子一起做游戏，等他们熟悉之后就可以自己玩耍。玩耍之后，父母可以给予孩子适当的赞扬，让孩子在玩耍中感受到交朋友的快乐。

2. 有意识地培养孩子合作的能力

父母可以交给孩子一些一个人难以完成的任务，鼓励孩子与别人一起合作完成，或者与父母一起完成，这样增加他与别人交际的机会，让孩子明白一个人的力量是有限的，进而体会到合作的乐趣。

3. 让孩子学会交朋友

那些心理健康的孩子都会有自己的朋友，当孩子与其他小朋友交往的时候，父母需要引导孩子如何结交朋友、如何对待朋友。有的孩子喜欢捣乱，经常惹是生非，面对这样的孩子，父母要告诉他：你再这样下去，就没有小朋友会跟你一起玩的，老师也不会喜欢你的。这样帮助孩子改掉坏习惯，使孩子逐渐融入集体之中。

4. 鼓励孩子多参加集体活动

父母应该鼓励孩子多参加一些集体活动，让孩子从小就生活在同龄孩子的群体之中。孩子在与同龄人的相处过程中，他们会彼此教会怎么玩游戏，怎么相处。而在家里，父母可能会处处让着孩子，可是在集体活动中，就需要平等地相处，这样也有利于帮助孩子克服一些缺点。有的父母害怕孩子在集体活动中被别的小朋友欺负，要求孩子自己玩自己的，不要与其他小朋友来往，这样做表面上似乎是关心孩子，实际上却让孩子失去了锻炼的机会。

偶像崇拜，小小追星族

美国著名心理学家马斯洛的需要层次理论认为，在生理、安全、社交、尊重基本满足之后，每个人都会追求自我实现的需要。自我实现的需求对青春期心理成长具有长久性的激励作用，并突出地表现在自主意识以及自主人格的独立发展上。

青少年开始思考自己未来的人生之路，开始对丰富、快乐的生活充满憧憬。但是理想离现实的距离又是如此的遥远，繁重的作业，父母和老师严格的管教都对孩子自主意识的独立性给予很大约束，孩子容易形成一种压抑心理。而对正处于青春萌动期的中学生情感世界、个性保护、心理应答等方面，很少关心到。然而偶像靓丽的外表、个性化的服饰、潇洒的身姿、都市潮流的歌舞使其压抑心理得以抚慰，满足了其自我实现的需要。

孩子上小学，成绩一直都还不错，她从小就不喜欢去外面和别的孩子一起玩。平时也没有什么特别的兴趣爱好，就喜欢听流行歌曲，父母也觉得这是个积极健康的兴趣爱好，只要不耽误学习就没有太多干涉。

不过最近孩子迷恋上某位男歌星，让父母很是担心。孩子对他的照片、海报、录音带都会细心收藏，有次还欺骗父母说学校需要买课外辅导书，后来和老师电话沟通父母才知道女儿逃学去听演唱会了。父母回去没有当场责备孩子，为了尝试理解孩子，还特意去网上听了这个男歌星的歌，发现那歌星水平很一般。父母实在想不通，孩子为什么会迷恋他呢？

部分青春期的孩子，偶像崇拜意识比较浓厚，已经在很大程度上左右着他们的学习、生活等日常行为，甚至影响孩子的心理发展、品格建立等方面。大多数孩子追星从11岁开始，到16岁时开始消退，因为这一时期是孩子开始寻找自我认同的时期，他们不再满足从父母、老师那里得到教诲和知识，开始独立思考，他们渴望自己去选择感兴趣的东西，去实现自我。

孩子对自己真正想要什么并不是很清楚，他们内心深处的困惑源于心中缺乏一个稳定的自我形象。许多孩子试图通过偶像崇拜来弥补自己个性和生活上的缺陷，并通过偶像建构来完善自己的梦想。这些孩子模仿明星的服饰、爱好，有时想象自己也是一个明星，以此获得满足感。因为有一群人都喜欢某个明星，而获得彼此认同、价值与归属感，保持了心理上的某种平衡，精神上得到满足。

尽管孩子通过追星使自己内心获得满足，但过分迷恋远离现实的人格形象和生活方式会产生一定的负面效应。孩子沉迷追星不但花费过多金钱，而且占据大部分学习、锻炼等活动的时间与兴趣，严重影响了正常的学习和生活。

小贴士

1.引导孩子正确认识偶像

父母可以引导孩子分析所崇拜的偶像，淡化神秘感，给予客观的评价。从某种程度上说，明星推动了精神文明进步，同时获得了社会地位和经济利益。不过，有些偶像的极端个人主义、一些消极的生活情绪等缺陷，也带来了社会负面效应。父母可以淡化孩子对偶像的神秘感，引导孩子认识那些为社会做出无私奉献、维系社会和谐的偶像，让孩子意识到偶像就在自己身边。

2.培养孩子广泛的兴趣爱好

丰富孩子的课余活动，汲取各方面的营养，通过比较接触的各种人和事，学会分辨真正有价值的东西。许多父母都觉得孩子待在家里都比较乖巧和听话，实际上有的孩子知识面狭窄，反而容易陷入追星热潮。父母可以利用节假日向孩子推荐有益的图书，启迪自我教育，引导青春期偶像心理的正确形成。

3.理解孩子的追星行为

父母以尊重、信任的态度与孩子进行心灵交流，让孩子可以敞开心扉，畅所欲言，才能了解孩子心里所想，才能有针对性地引导孩子对偶像的正确理解。父母可以采用亲子日记的形式，让孩子大胆说出自己心中所想。而对孩子流露出的偶像崇拜的盲目性，父母要把握心理方向，而且要尽可能避免摆出一种居高临下的父母姿态。

个性敏感期，完美型孩子

心理学家认为，在所有类型的孩子中，完美型的孩子是最有创造力和天赋的。有些父母因孩子过于聪明而感到担心，完美型的孩子对事情总想得那么深，理解得那么透，对事情又是那么执着。不过，完美型的孩子非常依赖父母，有一种要父母时刻陪伴在身边的强烈需要，他们内心是极其脆弱敏感和缺乏安全感的，他们的情绪十分容易波动，因此当外界可以提供他们自信或缓解他们的抑郁时，他们很容易受外界感染。

女儿4岁了，她非常聪明、懂事，不过心理年龄较成熟。她非常苛求完美，很喜欢跟自己较劲。

昨晚的台风让阳台一片狼藉，而我还有更重要的事情去做，没有及时清理。不过女儿并没有放弃对我的提醒："妈妈，阳台好脏，你不打扫吗？"我答应女儿午睡后做这件事，午睡之后，我起来刚坐到沙发上想缓缓神，女儿马上跟了过来，还完全没从睡意中苏醒过来，就指着阳台对我说："妈妈，你不打扫阳台吗？"我只能打扫起来，她就跟着我拿着簸箕，在旁边帮忙。我才打扫了两下，女儿说话了："妈妈，我来教你怎么打扫。"

晚上，她在家里玩积木，由于她总是把小积木放在下面，搭好的高楼很容易倒。倒了好几次以后她接受不了，开始大哭，一边哭一边问我："妈妈，为什么它总是倒？"假如我这时劝导或给予帮助，她就会越哭越伤心。

完美型的孩子，脸上时刻写满了认真与紧张，他们对每件事都是使劲地感觉，反复地思考，做出精细的打算，然后再去实践。在完美型孩子的眼里，父母的本体似乎是缺失的，也就是孩子对家庭保护者不认同。他们十分努力地寻求自我的发展，既努力想成为一个好孩子，也会努力让自己不像一个孩子。在他们看来，应该靠自己的判断力，像成年人一样进行理性的思考，用一套标准严格要求自己，成为自己行为的引导者。一旦自己的表现不能令自己满意，他们就会感到失望、焦躁。

完美型孩子非常聪明，是个高标准并严格要求自己的好孩子，因此很少需要别人的监督催促。这样的孩子在生活中的许多方面都追求完美无缺，若是完美力量型性格，会把课桌收拾得干干净净，东西放得整整齐齐，对作业一丝不苟；若是完美和平型性格，则不会太在乎事情是否井然有序，不会执着地非要一切事情都完美无缺。不过，他们身上最大的缺点是，还没遇到什么困难之前，就本能地对要做的事情产生一种否定的态度和抵触情绪，从而不愿意与人交往。他们总是喜欢把渴望认可的意愿埋在心里，他们不会坦露真言，希望即便自己不说出心里所想，父母也可以察觉到他们的需要。

小贴士

1.给孩子一个私人空间

完美型孩子可以将所有的东西都整理得有条不紊，即便房间乱糟糟的，他们也可以清楚地记得什么东西放在哪里，不喜欢别人进自己的房间。他们不希望自己房间里的东西被别人整理，哪怕房间很乱，他们宁愿自己收拾。对此，父母要尊重孩子这样的性格，允许家里有一个房间让他们随便摆放，即便杂乱一点儿也没关系。

2.营造轻松的家庭氛围

完美型孩子似乎没有幽默细胞，也不会开玩笑。父母可以告诉孩子幽默和玩笑是心灵的催化剂。平时多聊一些公司的趣事，或者自己儿时的故事，营造出一种轻松的家庭氛围。还可以引导孩子接触《傻瓜伊万》等童话书，让孩子多读一些幽默小品，使其身心彻底放松。

3.多与孩子交流

完美型孩子总是处于紧张或谨慎状态，他们总在担心事情没做好。所以在家里吃饭时不要用太多的规矩束缚他们，可以和孩子随意轻松地交谈一会儿，制造一家人的开心时刻。在一家人围着桌子吃饭时，父母可以说一些轻松的话题，让孩子慢慢打开话匣子。

4.给孩子选择的机会

完美型孩子有着较强的责任心，他们买东西经常会放弃自己的喜好而按照父母的意愿挑选。假如有妹妹或弟弟，他们则表现得更为谦让。因此，在平时的生活中，假如不是太过于贵重的东西，父母可以给孩子一些选择自己喜欢的东西的机会，给孩子紧张的心理带来轻松片刻的满足。

孩子太"乐于助人"

美国幽默作家比林认为，一生中的麻烦有一半是由于太快说"是"、太慢说"不"造成的。即便连成年人也会抱怨说：平生最怕的事情就是拒绝别人。更何况是孩子呢？他们往往出于面子和怕得罪人的心理，在别人提出一些要求或者请求帮助的时候，即便自己很忙，也勉为其难，那个"不"字难以说出口。

父母告诉孩子要热情善良、大度礼让、乐于助人，这样的教育是正确的。但是，孩子的问题在于，父母只重视了道德教育，却忽略了孩子的社会化教育。社会化教育的缺失让孩子在与人交往时显得心智不成熟。作为一个社会人，我们每一个人都不能脱离社会而独自生活。假如孩子不懂得果断做决定，不懂得巧妙拒绝别人的不合理的要求，不懂得安全地表达自己的不满情绪，那么，孩子在整个社交活动中只会感觉到很累。

我最近一直很担心儿子的社交问题，他一向很听话，从来没让大人着急过，但是，最近我发现了他做事优柔寡断、不懂得拒绝别人，常常很苦恼。前不久，儿子透露说，班里有一个女生给他写了一封信，我和他妈妈都很开明，就对他说："这件事，你自己得与那个女生沟通，委婉拒绝她。"当时，他答应了，可过了几天，他妈妈再次问他的时候，他却说：

"我不知道该怎么拒绝她，万一伤害了她怎么办？"我们建议他想好了话再说，没想到，这事情一拖再拖，这不，那女孩子又写了第二封信，他很苦恼。但是，我觉得完全是因为他优柔寡断、不懂拒绝的个性，将本来很简单的事情复杂化了。

平日里，我们都教育他要热情善良、大度礼让、乐于助人。但是，没想到他这样的个性在学校过得并不舒坦，他上初中一年多，由于同学的要求，他经常帮同学借书、买饮料、跑腿、锁自行车、拿衣服……他自己舍不得花的零用花借给同学，同学没再提还的事情，儿子也不好意思要，只能在家生闷气。他每天回来都跟我说："爸爸，我觉得好忙、好累。"

心理学家认为，一个人遇事反反复复、犹豫不决，总拿不定主意的现象是意志薄弱的表现，它直接影响一个人选择能力的形成，而选择能力的强弱又对人的成功与否起着至关重要的作用。在人生中，有的选择会直接影响自己或他人的一生的命运，而优柔寡断、犹豫不决正是选择的大敌。

将来，孩子要独立面对纷繁复杂的社会局面，这时，身边没有父母的话可以听，而自己又拿不定主意，不懂得拒绝人，那可是要误事吃亏的。因此，做父母的要尽量教会孩子有自己的主见，懂得巧妙拒绝他人，教会孩子学会对自己负责，锻炼他们"拍板"的能力。

小贴士

1.不要将孩子禁锢在"听话"的藩篱之内

一直以来，父母的教育方式就是让孩子听话，听话的孩子就是好孩子，无论大事小事，都需要孩子服从。对此，心理专家说："胆小怯弱的孩子所接受的家庭教育，要么是父母管教比较严苛，要么是父母两人的教育态度不一致，一方太强，一方太弱。父母在设置了一些禁令之后，只会让孩子服从、听话，而不告诉孩子为什么要这样去做，很少倾听孩子的意愿。在家里要求听话的孩子，难免将这种人际交往方式迁移到与他人的交往中，因此，他们总是处在一种人强我弱的位置，对于他人提出的不合理要求，他们也不懂得拒绝。因此，父母不要总是要求孩子做这做那，而是倾听孩子的意愿：'你打算做什么样的决定？'"

2.鼓励孩子当断则断

有的孩子遇事犹豫不决，一个重要的原因就是总怕自己考虑不周全。虽然，考虑周全是无可非议的，但追求万事完美，就会错失良机。父母应该让孩子懂得，凡事有七八分把握，就应该下决定了，这样可以锻炼孩子形成果断的性格。

3.教会孩子以商量的方式拒绝

拒绝别人，有时需要和对方磨嘴皮子，一直到对方认可自己。例如，碰到比自己小的孩子想要玩比较危险的游戏，你可以教会孩子这样拒绝："你太小了，还玩不了这么大的车，太危险了，碰着你会流血的，等你长大了，我再教你玩，好吗？"

4.引导孩子安全地表达自己不满情绪

在学校，许多同学在家里做惯了"小皇帝"，总是指使身边的同学做这做那，如果孩子不懂巧妙拒绝的话，那就可能要受欺负了。因此，对于那些不合理的要求，父母可以引导孩子安全地表达自己的不满情绪，如"刚才做了那么多作业，我已经很累了，不好意思"。

让孩子遵守一些约定

犹太人认为，即便吃亏也要遵守契约，而他们也是这样教育孩子的。

约定的本质是一种信任与被信任，能够遵守约定反映的是人的诚信品质。孩子从小知道遵守约定的重要性并能身体力行，这对于他们的一生是非常重要的。而父母需要做的就是帮助孩子学习遵守约定、信守承诺。一直给孩子灌输这样的观念，让孩子从小就做一个遵守约定的人。

孩子是否诚信，父母在其中起着关键的作用。假如孩子经常出现不履行诺言、言行不一的行为，父母就要从孩子的认识发展上来找原因。父母需要避免的是，不要认为这是一种道德败坏，也不要因此而打骂孩子。假如孩子还小的时候父母就注重对诚信的教育，那么孩子以后肯定是一个讲诚信的人。

要想让孩子养成诚信的好习惯，就要从小开始培养，坚持不懈。父母在孩子还小的时候就要把诚信灌输到他的思想中，并以此来要求孩子。父母可以告诉孩子诚信是如何的重要，或者给孩子看一些讲诚信的书籍，让孩子多知道一些伟人诚信正直的故事，这样才有利于孩子诚信习惯的养成。

小贴士

1.制定一些简单的规矩

父母所制定的约定规则应该简单易懂，让孩子容易遵守。父母需要避免一下子制定许多规矩，避免制定一些复杂的规矩，更不要制定孩子不容易遵守的规矩，否则这就好像是口头支票，没有任何意义。而那些简单易守的规矩会让孩子感到遵守规矩是一件高兴的事情，给他们增强了自信心。

2.适当的约定时机

约定规则一定要在行动之前，不要出现问题之后才来谈约定，如父母在出门前就和孩子说"我同意带你去超市，不过这次不买玩具"或"这次只买一个玩具，行吗"，等到孩子答应之后才行动。

3.父母需要以身作则

父母想要孩子学会遵守约定，自己的榜样作用是不容忽视的。有的父母不能以身作则，和孩子约定的是一套，自己做的又是另外一套。而一些家里夫妻两人意见不合，孩子会觉得自己有了靠山，有了袒护自己的人，他们不害怕受到惩罚。此外，这样会影响孩子正确价值观的形成，他们不知道怎样的做法才是正确的。

父母经常会对孩子妥协，当孩子违约之后，父母因为受不了孩子的哀求而妥协，以后孩子就会变本加厉地违背约定。父母不要对孩子进行威胁，如"你说话不算数，妈妈不要你了"，说这样的话，还不如冷落孩子，让孩子得到反省的机会。

父母习惯性的错误做法是哄孩子，时间长了，孩子会觉得"反正我只要一哭闹，他们就会过来哄我，这招最管用了"。结果，不遵守约定、哭闹、耍赖就成为孩子的家常便饭，再想纠正过来就困难了。如果父母没办法兑现承诺，需要向孩子说明原因，否则就会让孩子产生一种父母说话不算数的误解。

4.约定一旦开始，就不要放弃

与孩子制定的约定一旦开始，就不要轻易放弃。不要对孩子的反抗显得手足无措，更不要轻易放弃、妥协，给孩子例外、开绿灯。坚定的约定能给孩子安全感，而摇摆不定的约定则让孩子感到无所适从。因此，父母自己首先要遵守约定，一旦开始，就不能中断，即便确实难以完成，父母也要和孩子一起想办法，努力去解决问题。

5.让孩子尝试承担后果

在违反约定的时候品尝行为后果对于帮助孩子建立行为准则是非常重

要的，父母需要动脑筋，给孩子实施自然和逻辑后果，建立行为后果帮助孩子学会承担责任。让孩子知道，假如自己不遵守规则，就会承担不愉快的后果，如受到惩罚，所以在给孩子建立规则的过程当中，一定要让孩子学会承担自己的行为后果。

6.当诺言不能兑现时积极应对

当父母因为工作等原因影响了诺言的兑现，孩子感到失望、委屈时，父母不可以强迫孩子接受许诺不能兑现的结果。父母应该主动而诚恳地向孩子道歉，然后将不能兑现的原因告诉孩子，获得孩子的理解和原谅，并在以后寻找合适的机会兑现自己没有实现的诺言。即便孩子短时间没办法谅解，父母也不要用呵斥、教训的方式对待孩子，应允许孩子发牢骚，表示不满的情绪。父母错了，或违背自己许下的诺言的时候，假如向孩子说一声"对不起"，可以帮助孩子建立自尊，同时可以培养孩子尊重人的习惯。

7.许诺多精神成分

父母许诺包括物质许诺和精神许诺，适度的物质许诺是可行的，不过不能过度，否则只会滋长孩子虚荣、自私等不良习性。父母可以尽可能地向孩子许诺精神活动，如许诺给孩子买书，带孩子去看画展、旅游等，这样不但可以调动孩子做事的积极性，同时还可以丰富孩子的精神世界，开阔孩子的视野。

参考文献

[1]鲁鹏程.抓住儿童敏感期,你的教育就对了[M].北京:机械工业出版社,2013.

[2]罗耀先.捕捉儿童敏感期[M].北京:中国人口出版社,2014.

[3]孙瑞雪.捕捉儿童敏感期[M].北京:中国妇女出版社,2015.

[4]玛丽亚·蒙台梭利.蒙台梭利儿童敏感期手册[M].北京:中国妇女出版社,2016.